普通高等教育“十三五”规划教材

分子微生物学实验指导

柳志强　主　编
李晓宇　副主编

中国轻工业出版社

图书在版编目（CIP）数据

分子微生物学实验指导/柳志强主编．—北京：中国轻工业出版社，2017.7

普通高等教育“十三五”规划教材

ISBN 978-7-5184-1453-6

Ⅰ.①分…　Ⅱ.①柳…　Ⅲ.①分子生物学—微生物学—实验—高等学校—教材　Ⅳ.①Q7-33

中国版本图书馆 CIP 数据核字（2017）第 138958 号

责任编辑：王　朗　车向前
策划编辑：江　娟　　责任终审：劳国强　　封面设计：锋尚设计
版式设计：姜　涛　　责任校对：晋　洁　　责任监印：张　可

出版发行：中国轻工业出版社（北京东长安街 6 号，邮编：100740）
印　　刷：三河市万龙印装有限公司
经　　销：各地新华书店
版　　次：2017 年 7 月第 1 版第 1 次印刷
开　　本：787×1092　1/16　印张：7
字　　数：160 千字
书　　号：ISBN 978-7-5184-1453-6　定价：20.00 元
邮购电话：010-65241695　传真：65128352
发行电话：010-85119835　85119793　传真：85113293
网　　址：http：//www.chlip.com.cn
Email：club@chlip.com.cn

170113J1X101ZBW

前　言

分子微生物学是从分子水平上研究微生物生命现象物质基础的学科，主要研究微生物细胞成分的物理、化学性质和变化，以及这些性质变化与生命现象的关系。随着生命科学的发展，分子微生物学技术已渗透到生命科学的各个领域，占有举足轻重的地位。分子微生物学实验技术是分子生物学研究中最基本也是最重要的手段，目前国内关于分子生物学实验的书籍较多，但多数书籍涉及的实验技术较多，内容较繁杂，不利于学生快速掌握其中基本的内容。为了适应分子微生物学技术的发展，并为培养研究型创新人才服务，编者在现有分子生物学实验相关书籍的基础上，整理了其中与分子微生物学相关的实验技术，编写《分子微生物学实验指导》，供生命科学各专业，特别是微生物学相关专业的本科生和研究生使用。

本书共十四章，内容包括微生物核酸提取、聚合酶链反应、载体连接转化、大肠杆菌表达、分子杂交、DNA 和蛋白质相互作用等目前分子微生物学领域常用的实验技术，章节顺序基本参照常规实验的流程。每个章节在开篇部分对实验原理进行了详细阐述；在实验步骤中，结合前人经验总结了部分注意事项；每章结尾均配有思考题，可用于实验的复习和加深理解；书末还附有本书所涉及的质粒图谱及微生物常用培养基配方。

由于编者水平有限以及经验不足，书中难免有不足之处，敬请广大读者指正。

编　者

2017 年 5 月于海南大学

目　　录

第一章　琼脂糖凝胶电泳

琼脂糖或聚丙烯酰胺凝胶电泳是分离鉴定和纯化DNA片段的标准方法。该技术操作简便快速，可以分辨用其他方法（如密度梯度离心法）所无法分离的DNA片段。当用低浓度的荧光嵌入染料溴化乙锭（ethidium bromide，EB）染色，在紫外光下至少可以检出1~10ng的DNA条带，从而可以确定DNA片段在凝胶中的位置。此外，还可以从电泳后的凝胶中回收特定的DNA条带，用于以后的克隆操作。

琼脂糖和聚丙烯酰胺可以制成各种形状、大小和孔隙度。琼脂糖凝胶分离DNA片段的范围较广，不同浓度的琼脂糖凝胶可分离长度从200bp至近50kb的DNA片段。琼脂糖通常用水平装置在强度和方向恒定的电场下电泳。聚丙烯酰胺分离小片段DNA(5~500bp)效果较好，其分辨力极高，甚至相差1bp的DNA片段就能分开。聚丙烯酰胺凝胶电泳很快，可容纳相对大量的DNA，但制备和操作比琼脂糖凝胶困难。聚丙烯酰胺凝胶采用垂直装置进行电泳。目前，一般实验室多用琼脂糖水平平板凝胶电泳装置进行DNA电泳。

琼脂糖主要在DNA制备电泳中作为一种固体支持基质，其密度取决于琼脂糖的浓度。在电场中，在中性pH下带负电荷的DNA向阳极迁移，其迁移率由下列多种因素决定。

1. DNA的分子大小

线状双链DNA分子在一定浓度的琼脂糖凝胶中的迁移率与DNA分子质量的对数成反比，分子越大则所受阻力越大，也越难于在凝胶孔隙中蠕行，因而迁移得越慢。

2. 琼脂糖浓度

一个特定的线状DNA分子，其迁移率在不同浓度的琼脂糖凝胶中各不相同。DNA电泳迁移率的对数与凝胶浓度成线性关系。凝胶浓度的选择取决于DNA分子的大小，分离小于0.5kb的DNA片段所需胶浓度是1.2%~1.5%，分离大于10kb的DNA分子所需胶浓度为0.3%~0.7%，DNA片段介于两者之间则所需胶浓度为0.8%~1.0%。

3. DNA分子的构象

DNA分子在电场中的移动速度不仅和分子量有关，还和它本身的构象有关。相同分子量的线状、开环和超螺旋DNA在琼脂糖凝胶中的移动速度是不一样的，超螺旋DNA移动最快，而开环DNA移动最慢。如在电泳鉴定质粒纯度时，发现凝胶上有数条DNA带，难以确定是质粒DNA不同构象引起，还是因为含有其他DNA引起时，可从琼脂糖凝胶上将DNA带逐个回收，用同一种限制性内切酶分别水解，然后电泳，如在凝胶上出现相同的DNA图谱，则为同一种DNA。

4. 电源电压

在低电压时，线状DNA片段的迁移速率与所加电压成正比。但是随着电场强度的增加，不同分子量的DNA片段的迁移率将以不同的幅度增长，片段越大，因场强升高引起的迁移率升高幅度也越大，因此电压增加，琼脂糖凝胶的有效分离范围将缩小。要使大于2kb的DNA片段的分辨率达到最大，所加电压不得超过5V/cm。

5. 嵌入染料的存在

荧光染料溴化乙锭用于检测琼脂糖凝胶中的DNA，染料会嵌入到堆积的碱基对之间并拉长线状和带缺口的环状DNA，使其刚性更强，还会使线状DNA迁移率降低15%。

6. 离子强度影响

电泳缓冲液的组成及其离子强度影响DNA的电泳迁移率。在没有离子存在时（如误用蒸馏水配制凝胶），电导率最小，DNA几乎不移动；在高离子强度的缓冲液中（如误加10×电泳缓冲液），则电导很高并明显产热，严重时会引起凝胶熔化或DNA变性。

对于天然的双链DNA，常用的几种电泳缓冲液有TAE [含EDTA（pH 8.0）和Tris－乙酸]、TBE（Tris－硼酸和EDTA）、TPE（Tris－磷酸和EDTA），一般配制成浓缩母液，储于室温。

一、实验材料

（1）TAE电泳缓冲液　TAE（50×）储存液：242g Tris，57.1mL冰乙酸，100mL 0.5mol/L EDTA（pH 8.0），定容至1000mL。使用液为TAE（1×）。

（2）6×DNA上样缓冲液　30mmol/L EDTA，36%甘油，0.05%二甲苯腈蓝FF，0.05%溴酚蓝。

（3）溴化乙锭　配成10mg/mL溶液，双蒸水配制，避光保存，用时以1∶20000稀释。溴化乙锭为致癌剂，配制时防止皮肤接触。

二、实验仪器

DYY－III型稳压稳流电泳仪、水平电泳槽、微波炉、离心机、凝胶成像系统。

三、操作步骤

（1）0.8%琼脂凝胶板的配制　取0.8g琼脂糖加100mL TAE（1×），微波炉加热融化，将其冷却至55～65℃，倒入制胶槽中。

（2）充分凝固后从制胶槽中卸下凝胶板，放入电泳槽，加入TAE（1×），使其液面略高于琼脂糖板。

（3）DNA样品5μL加1μL 6×DNA上样缓冲液，混匀后全部加样于琼脂糖板的样品孔中。

（4）稳压电泳100V约30min，使溴酚蓝指示剂泳动至适当位置。

（5）取出凝胶板，置溴化乙锭溶液中染色20min。

（6）在凝胶成像仪观察结果。

四、技术要点

（1）选择琼脂糖凝胶浓度取决于所鉴定DNA的大小，小片段DNA应用高浓度凝胶，大片段则用低浓度凝胶。在1%的琼脂糖凝胶中溴酚蓝的泳动速度与50bp的双链线状DNA一致。

不同浓度琼脂糖凝胶及其可分离的线性DNA大小范围见表1-1。

表1-1　不同浓度琼脂糖凝胶及其分离线性DNA分子的有效范围

凝胶浓度/%	分离DNA的有效范围/kb	凝胶浓度/%	分离DNA的有效范围/kb
0.3	5~60	1.2	0.4~6
0.6	1~20	1.5	0.2~3
0.8	0.8~10	2.0	0.1~2
1.0	0.5~7		

（2）电泳中注意防止凝胶发热。

（3）将电泳仪置稳压挡，电压设置小于5V/cm（电极间的最小路径）。随着电压的增加，琼脂糖凝胶的有效分离范围缩小。

（4）溴化乙锭有强烈的致癌作用，操作时注意防护。

思考题

1. DNA样品点样前与6×DNA上样缓冲液混匀的作用是什么？
2. 琼脂糖凝胶电泳中DNA分子迁移率受哪些因素的影响？

第二章　基因组 DNA 的提取

基因组 DNA 的提取通常用于构建基因组文库、Southern 杂交（包括 RFLP）及 PCR 分离基因等。利用基因组 DNA 较长的特性，可以将其与细胞器或质粒等小分子 DNA 分离。加入一定量的异丙醇或乙醇，基因组的大分子 DNA 即沉淀形成纤维状絮团飘浮其中，可用玻璃棒将其取出，而小分子 DNA 则只形成颗粒状沉淀附于壁上及底部，从而达到提取的目的。在提取过程中，染色体会发生机械断裂，产生大小不同的片段，因此分离基因组 DNA 时应尽量在温和的条件下操作，如尽量减少酚/氯仿抽提、混匀过程要轻缓，以保证得到较长的 DNA。一般来说，构建基因组文库，初始 DNA 长度必须在 100kb 以上，否则酶切后两边都带合适末端的有效片段很少。而进行 RFLP 和 PCR 分析，DNA 长度可短至 50kb，在该长度以上，可保证酶切后产生 RFLP 片段（20kb 以下），并可保证包含 PCR 所扩增的片段（一般 2kb 以下）。

不同生物（植物、动物、微生物）基因组 DNA 的提取方法有所不同；不同种类或同一种类的不同组织因其细胞结构及所含的成分不同，分离方法也有差异。在提取某种特殊组织的 DNA 时必须参照文献和经验建立相应的提取方法，以获得可用的 DNA 大分子。尤其是组织中的多糖和酚类物质对随后的酶切、PCR 反应等有较强的抑制作用，因此用富含这类物质的材料提取基因组 DNA 时，应考虑除去多糖和酚类物质。

一、从植物组织提取基因组 DNA

1. 实验材料

水稻幼苗或其他禾本科植物，李（苹果）幼嫩叶子。

2. 实验设备

移液器，冷冻高速离心机，台式高速离心机，水浴锅，陶瓷研钵，50mL 离心管（有盖）及 5mL 和 1.5mL 离心管，弯成钩状的小玻璃棒。

3. 实验试剂

（1）提取缓冲液Ⅰ　100mmol/L Tris－HCl（pH 8.0），20mmol/L EDTA，500mmol/L NaCl，1.5% SDS。

（2）提取缓冲液Ⅱ　18.6g 葡萄糖，6.9g 二乙基二硫代碳酸钠，6.0g PVP（聚乙烯吡咯烷酮），240μL 巯基乙醇，加水至 300mL 。

（3）氯仿:戊醇:乙醇（80:4:16）。

（4）RNase A 母液　10μg/μL。

（5）其他试剂　液氮，异丙醇，TE 缓冲液，无水乙醇，70% 乙醇，3mol/L NaAc。

4. 操作步骤

（1）水稻幼苗或其他禾本科植物基因组 DNA 提取。

①在 50mL 离心管中加入 20mL 提取缓冲液Ⅰ，60℃水浴预热。

②水稻幼苗或叶子 5 ~ 10g，剪碎，在研钵中加液氮磨成粉状后立即倒入预热的离心管中，剧烈摇动混匀，60℃水浴保温 30 ~ 60min，不时摇动。

③加入 20mL 氯仿:戊醇:乙醇溶液，颠倒混匀（需戴手套，防止损伤皮肤），室温下静置 5 ~ 10min，使水相和有机相分层。

④室温下 5000r/min 离心 5min。

⑤仔细移取上清至另一 50mL 离心管，加入 1 倍体积的异丙醇，混匀，室温下放置片刻即出现絮状 DNA 沉淀。

⑥在 1.5mL EP 管中加入 1mL TE。用钩状玻璃棒捞出 DNA 絮团，在干净吸水纸上吸干，转入含 TE 的离心管中，DNA 很快溶解于 TE。

⑦如 DNA 不形成絮状沉淀，则可用 5000r/min 离心 5min，再将沉淀移入 TE 管中。这样收集的沉淀，往往难溶解于 TE，可在 60℃水浴放置 15min 以上，以帮助溶解。

⑧将 DNA 溶液 3000r/min 离心 5min，上清倒入干净的 5mL 离心管。

⑨加入 5μL RNase A（10μg/μL），37℃ 10min，除去 RNA（若 RNA 对 DNA 的操作、分析无影响，可省略该步骤）。

⑩加入 1/10 体积的 3mol/L NaAc 及 2 倍体积的冰乙醇，混匀，－20℃放置 20min 左右，DNA 形成絮状沉淀。

⑪用玻璃棒捞出 DNA 沉淀，70% 乙醇漂洗，再在干净吸水纸上吸干。

⑫将 DNA 重溶解于 1mL TE，－20℃ 贮存。

⑬取 2μL DNA 样品在 0.7% 琼脂糖胶上电泳，检测 DNA 的分子大小。同时取 15μL 稀释 20 倍，测定 OD_{260}/OD_{280}，检测 DNA 含量及质量。

（2）从李（苹果）叶子提取基因组 DNA。

①取 3 ~ 5g 嫩叶，液氮磨成粉状。

②加入提取缓冲液Ⅱ 10mL，再研磨至溶浆状。10000r/min 离心 10min。

③去上清，沉淀加提取缓冲液Ⅰ20mL，混匀。65℃水浴 30 ~ 60min，常摇动。

④同本节（1）中步骤③ ~ ⑬操作。

5. 注意事项

5g 样品可保证获得 500μg DNA，足供 RFLP、PCR 等分析之用。

二、从动物组织提取基因组 DNA

1. 实验材料

哺乳动物新鲜组织。

2. 实验设备

移液管，高速冷冻离心机，台式离心机，水浴锅。

3. 实验试剂

（1）分离缓冲液　10mmol/L Tris－HCl（pH 7.4），10mmol/L NaCl，25mmol/L EDTA。

（2）其他试剂　液氮，10% SDS，蛋白酶 K（20mg/mL 或粉剂），乙醚，苯酚:氯仿:异戊醇（25:24:1），无水乙醇及 70% 乙醇，5mol/L NaCl，3mol/L NaAc，TE，RNase A（10μg/μL）。

4. 操作步骤

（1）切取组织5g左右，剔除结缔组织，吸水纸吸干血液，剪碎放入研钵（越细越好）。

（2）倒入液氮，磨成粉末，加10mL分离缓冲液。

（3）加1mL 10% SDS，混匀，此时样品变得很黏稠。

（4）加50μL或1mg蛋白酶K，37℃保温1~2h，直到组织完全解体。

（5）加1mL 5mol/L NaCl，混匀，5000r/min离心数秒。

（6）取上清于新离心管，用等体积苯酚:氯仿:异戊醇（25:24:1）抽提。待分层后，3000r/min离心5min。

（7）取上层水相至干净离心管，加2倍体积乙醚抽提（在通风情况下操作）。

（8）移去上层乙醚，保留下层水相。

（9）加1/10体积3mol/L NaAc，及2倍体积无水乙醇，颠倒混合沉淀DNA。室温下静置10~20min，DNA沉淀形成白色絮状物。

（10）用玻璃棒钩出DNA沉淀，70%乙醇中漂洗后，在吸水纸上吸干，溶解于1mL TE中，-20℃保存。

（11）如果DNA溶液中有不溶解颗粒，可在5000r/min短暂离心，取上清；如要除去其中的RNA，可加5μL RNaseA（10μg/μL），37℃保温30min，用苯酚抽提后，按步骤（9）~（10）重沉淀DNA。

三、细菌基因组DNA的制备

1. 实验材料

细菌培养物。

2. 实验设备

移液管，高速冷冻离心机，台式离心机，水浴锅。

3. 实验试剂

（1）CTAB/NaCl溶液　4.1g NaCl溶解于80mL H_2O，缓慢加入10g CTAB，加水至100mL。

（2）其他试剂　氯仿:异戊醇（24:1），苯酚:氯仿:异戊醇（25:24:1），异丙醇，70%乙醇，TE，10% SDS，蛋白酶K（20mg/mL或粉剂），5mol/L NaCl。

4. 操作步骤

（1）100mL细菌过夜培养液，5000r/min离心10min，去上清。

（2）加9.5mL TE悬浮沉淀，并加0.5mL 10% SDS，50μL 20mg/mL（或1mg干粉）蛋白酶K，混匀，37℃保温1h。

（3）加1.5mL 5mol/L NaCl，混匀。

（4）加1.5mL CTAB/NaCl溶液，混匀，65℃保温20min。

（5）用等体积苯酚:氯仿:异戊醇（25:24:1）抽提，5000r/min离心10min，将上清移至干净离心管。

（6）用等体积氯仿:异戊醇（24:1）抽提，取上清移至干净管中。

（7）加 1 倍体积异丙醇，颠倒混合，室温下静置 10min，沉淀 DNA。

（8）用玻璃棒捞出 DNA 沉淀，70% 乙醇漂洗后，吸干，溶解于 1mL TE，－20℃保存。如 DNA 沉淀无法捞出，可 5000r/min 离心，使 DNA 沉淀。

（9）如要除去其中的 RNA，可以按本章“二、从动物组织提取基因组 DNA”中操作步骤处理。

四、丝状真菌基因组 DNA 的制备

1. 丝状真菌基因组的大量提取

（1）以每克经过滤抽干的菌丝体加 4mL CTAB 抽提液（2% CTAB；100mmol/L Tris－HCl，pH 8.0；20mmol/L EDTA，pH 8.0；1.4mol/L NaCl），加入 2－巯基乙醇（2－ME）至终浓度为 2%（体积分数）。

（2）菌丝体加入液氮冷冻，研磨至细小粉末状。把粉末加入到预热的 2－ME/CTAB 抽提液中，涡旋混匀，65℃保温 45～60min，不时颠倒混匀。

（3）加入等体积苯酚:氯仿:异戊醇溶液，颠倒混匀，12000r/min 离心 20min。

（4）取上层水相至另一离心管中，加入 0.5～0.6 倍体积冰冷的异丙醇，颠倒混匀，4℃放置 20min，12000r/min 离心 10min。

（5）去上清，以 70% 乙醇洗涤沉淀两次，真空干燥后用适量 TE 缓冲液完全溶解。

（6）加入等体积冰预冷的 5mol/L LiCl，混匀，12000r/min 离心 10min。

（7）转上清至另一新离心管中，加 0.5～0.6 倍体积冰冷的异丙醇，混匀，－20℃放置 20min，12000r/min 离心 10min。

（8）70% 乙醇洗涤沉淀，真空干燥。

（9）以含 50μg/mL RNase 的超纯水完全溶解沉淀，37℃温育 1h，－20℃保存备用。

2. 丝状真菌基因组的小量提取

（1）约 0.1g 的菌丝体置于 1.5mL 的离心管中，加入 300μL 的提取缓冲液（100mmol/L Tris－HCl，pH 8.0；100mmol/L EDTA；250mmol/L NaCl；1% SDS），用带塑料钻头的手持式电钻进行研磨约 30s。

（2）加入等体积氯仿:异戊醇（24:1）抽提，12000r/min 离心 15min。

（3）取上清，加入 0.6 倍体积异丙醇，混匀，－20℃放置 20min，12000r/min 离心 10min。

（4）70% 乙醇洗涤沉淀，真空干燥。

（5）以含 50μg/mL RNase 的超纯水完全溶解沉淀，37℃温育 1h，－20℃保存备用。

五、酵母基因组 DNA 的制备

操作步骤如下。

（1）划线法在 YPD 平板上活化酵母菌，28℃培养，2 天后长出单菌落。

（2）挑取活化的单菌落接种于 5mL YPD 培养基中，28℃，180r/min 振荡培养 8～10h。

（3）移取 1.5mL 菌液至无菌 EP 管中，5000r/min 离心 5min，弃上清。

（4）将菌体悬浮于 0.5mL 1mol/L 山梨醇，0.1mol/L Na_2EDTA，pH 7.5 的缓冲

液中。

（5）加入0.02mL 10mg/mL消解酶溶液，37℃保温60～120min。

（6）10000r/min离心1min，弃上清，菌体重悬于0.5mL 50mmol/L Tris－HCl，20mmol/L EDTA（pH 7.4）的缓冲液中。

（7）加入0.05mL 10% SDS，混匀，65℃保温30～60min。

（8）加入0.2mL 5mol/L乙酸钾溶液，冰浴60min，12000r/min离心10min。

（9）移取上清至新的EP管中，加入1/10体积的3mol/L乙酸钠（pH 5.2）和2倍体积的无水乙醇，混匀，－20℃过夜沉淀，12000r/min离心10min，将沉淀用70%乙醇洗一次，室温干燥。

（10）将沉淀悬浮于100μL TE（pH 7.4）缓冲液中，加入2μL无DNase的10mg/mL RNase，37℃，保温30min。

（11）提取的基因DNA用双蒸水稀释适当倍数后，在紫外分光光度计上测定OD_{260}和OD_{280}，计算DNA纯度和浓度。OD_{260}/OD_{280}值介于1.8～2时，DNA纯度较高。DNA浓度（μg/mL）＝OD_{260}值×50μg/mL×稀释倍数。DNA样品贮存于－20℃。

六、基因组DNA的检测

上述方法得到的DNA一般可以用作Southern、RFLP、PCR等分析。由于所用的材料不同，得到的DNA产量及质量均不同。有时DNA中含有酚类和多糖类物质，会影响酶切和PCR的效果。所以获得基因组DNA后，均需检测DNA的产量和质量。

（1）DNA溶液稀释20～30倍后，测定OD_{260}/OD_{280}比值，明确DNA的含量和质量。

（2）取2～5μL在0.7%琼脂糖胶上电泳，检测DNA的分子大小。

（3）取2μg DNA，用10单位（U）*Hind* Ⅲ酶切过夜，0.7%琼脂糖胶上电泳，检测能否完全酶解（做RFLP，DNA必须完全酶解）。

如果DNA中所含杂质多，不能完全酶切，或小分子DNA多，影响后续的分析和操作，可以用下列方法处理。

（1）选用幼嫩植物组织，可减少淀粉类的含量。

（2）苯酚:氯仿抽提，去除蛋白质和多糖。

（3）琼脂糖凝胶柱过滤，去除酚类、多糖和小分子DNA。

（4）CsCl梯度离心，去除杂质，分离大片段DNA（可用作文库构建）。

思考题

1. 为什么构建DNA文库时，一定要用大分子DNA？

2. 如何检测和保证DNA的质量？

第三章　RNA 的提取和 cDNA 的合成

从真核生物的组织或细胞中提取 mRNA，通过酶促反应逆转录合成 cDNA 的第一链和第二链，将双链 cDNA 和载体连接，然后转化扩增，即可获得 cDNA 文库。构建的 cDNA 文库可用于真核生物基因的结构、表达和调控的分析，比较 cDNA 和相应基因组 DNA 序列差异可确定内含子存在和了解转录后加工等一系列问题。总之，cDNA 的合成和克隆已成为当今真核分子生物学的基本手段。自 20 世纪 70 年代首例 cDNA 克隆问世以来，已发展出了许多种提高 cDNA 合成效率的方法，并大大改进了载体系统，目前 cDNA 合成试剂已商品化。cDNA 合成及克隆的基本步骤包括用反转录酶合成 cDNA 第一链，聚合酶合成 cDNA 第二链，加入合成接头以及将双链 DNA 克隆到适当载体（噬菌体或质粒）。

1. RNA 制备

模板 mRNA 的质量直接影响到 cDNA 合成的效率。由于 mRNA 分子的结构特点，容易受 RNA 酶的攻击反应而降解，加上 RNA 酶极为稳定且广泛存在，因而在提取过程中要严格防止 RNA 酶的污染，并设法抑制其活性，这是本实验成败的关键。所有的组织中均存在 RNA 酶，人的皮肤、手指、试剂、容器等均可能被污染，因此全部实验过程中均需戴手套操作并经常更换（使用一次性手套）。所用的玻璃器皿需置于干燥烘箱中 200℃ 烘烤 2h 以上。凡是不能用高温烘烤的材料，如塑料容器等，皆可用 0.1% 的焦碳酸二乙酯（DEPC）水溶液处理，再用蒸馏水冲净。DEPC 是 RNA 酶的化学修饰剂，它和 RNA 酶的活性基团组氨酸的咪唑环反应以抑制 RNA 酶活性。DEPC 与氨水溶液混合会产生致癌物，因而使用时需小心。实验所用试剂也可用 DEPC 处理，加入 DEPC 至 0.1% 浓度，然后剧烈振荡 10min，之后需要再煮沸 15min 或高压灭菌以消除残存的 DEPC，否则 DEPC 也能和腺嘌呤作用而破坏 mRNA 活性。除 DEPC 外，也可用异硫氰酸胍、钒氧核苷酸复合物、RNA 酶抑制蛋白等。此外，为了避免 mRNA 或 cDNA 吸附在玻璃或塑料器皿管壁上，所有器皿一律需经硅烷化处理。

细胞内总 RNA 制备方法很多，如异硫氰酸胍热苯酚法等。许多公司有现成的总 RNA 提取试剂盒，可快速有效地提取到高质量的总 RNA。分离的总 RNA 可利用 mRNA 3′末端含有 poly（A）的特点，当 RNA 流经 oligo（dT）纤维素柱时，在高盐缓冲液作用下，mRNA 被特异地吸附在 oligo（dT）纤维素上，然后逐渐降低盐浓度洗脱，在低盐溶液或蒸馏水中，mRNA 被洗下。经过两次 oligo（dT）纤维素柱，可得到较纯的 mRNA。纯化的 mRNA 在 70% 乙醇中 −70℃ 可保存一年以上。

2. cDNA 第一链的合成

所有合成 cDNA 第一链的方法都要用依赖于 RNA 的 DNA 聚合酶（反转录酶）来催化反应。目前商品化的反转录酶有从禽类成髓细胞瘤病毒纯化到的禽类成髓细胞病毒（AMV）逆转录酶和从表达克隆化的 Moloney 鼠白血病病毒反转录酶基因的大肠杆菌中分离到的鼠白血病病毒（MLV）反转录酶。AMV 反转录酶包括两个具有若干种酶活性的多肽亚基，这些活性包括依赖于 RNA 的 DNA 合成，依赖于 DNA 的 DNA 合成以及对

DNA:RNA 杂交体的 RNA 部分进行内切降解（RNA 酶 H 活性）。MLV 反转录酶只有单个多肽亚基，兼备依赖于 RNA 和依赖于 DNA 的 DNA 合成活性，但降解 RNA:DNA 杂交体中的 RNA 的能力较弱，且对热的稳定性较 AMV 反转录酶差。MLV 反转录酶能合成较长的 cDNA（如大于 3kb）。

AMV 反转录酶和 MLV 反转录酶利用 RNA 模板合成 cDNA 时的最适 pH、最适盐浓度和最适温度各不相同，所以合成第一链时相应调整条件是非常重要的。AMV 反转录酶和 MLV 反转录酶都必须有引物来起始 DNA 的合成。cDNA 合成最常用的引物是与真核细胞 mRNA 分子 3′ 端 poly（A）结合的 12 ~ 18 核苷酸长的 oligo（dT）以及随机引物。

3. cDNA 第二链的合成

cDNA 第二链的合成方法有以下两种。

（1）自身引导法　该法合成的单链 cDNA 3′ 端能够形成一短的发夹结构，这就为第二链的合成提供了现成的引物，当第一链合成反应产物的 DNA:RNA 杂交链变性后，利用大肠杆菌 DNA 聚合酶 I Klenow 片段或反转录酶合成 cDNA 第二链，最后用对单链特异性的 S1 核酸酶消化该环，即可进一步克隆。但自身引导合成法较难控制反应，而且用 S1 核酸酶切割发夹结构时无一例外地将导致对应于 mRNA 的 5′ 端序列出现缺失和重排，因而该方法目前很少使用。

（2）置换合成法　该方法中，第一链在反转录酶作用下产生的 cDNA:mRNA 杂交链不用碱变性，而是在 dNTP 存在下，利用 RNA 酶 H 在杂交链的 mRNA 链上造成切口和缺口，从而产生一系列 RNA 引物，使之成为合成第二链的引物，在大肠杆菌 DNA 聚合酶 I 的作用下合成第二链。该反应有 3 个主要优点：① 非常有效；② 直接利用第一链反应产物，无需进一步处理和纯化；③ 不必使用 S1 核酸酶来切割双链 cDNA 中的单链发夹环。目前合成 cDNA 常采用该方法。

cDNA 合成原理见图 3 – 1、图 3 – 2。

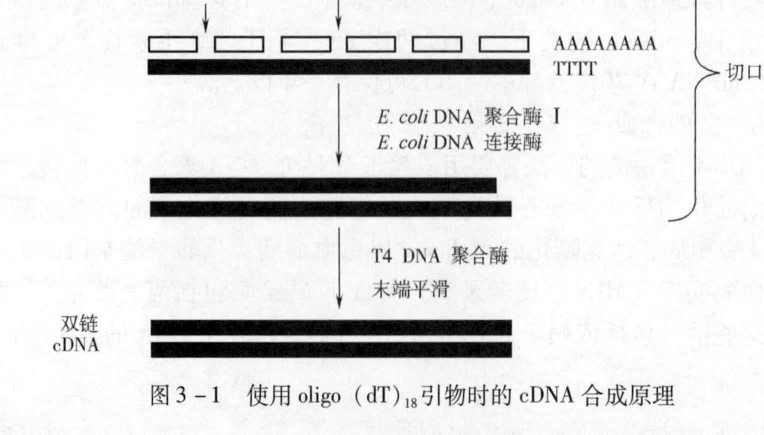

图 3 – 1　使用 oligo（dT）$_{18}$ 引物时的 cDNA 合成原理

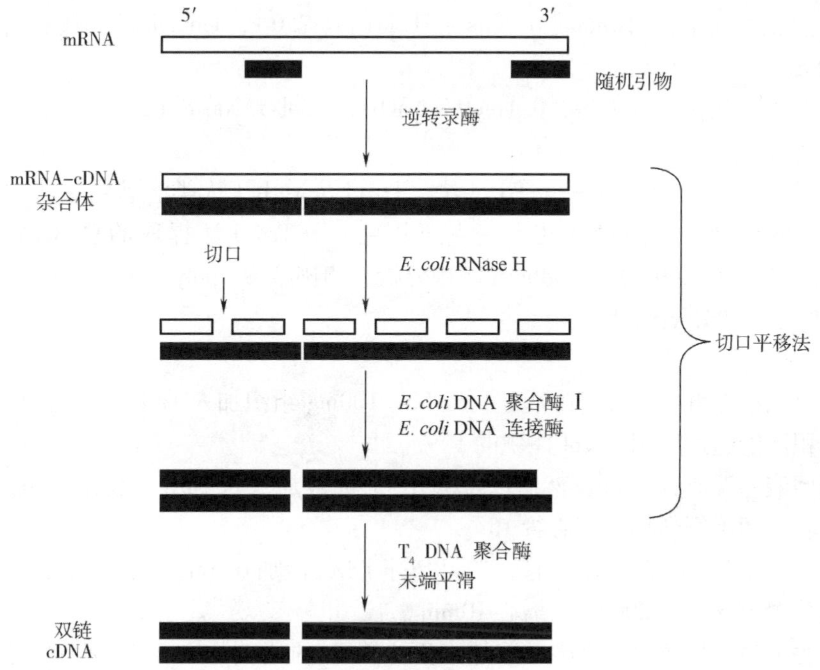

图 3－2　使用随机引物时的 cDNA 合成原理

4. cDNA 的分子克隆

已经制备好的双链 cDNA 和一般 DNA 一样，可以插入到质粒或噬菌体中，为此，首先必须连接上接头（linker）。接头可以是限制性内切酶识别位点片段，也可以利用末端转移酶在载体和双链 cDNA 的末端接上一段寡聚 dG 和 dC 或 dT 和 dA 尾巴，退火后形成重组质粒，并转化到宿主菌中进行扩增。合成的 cDNA 也可以经 PCR 扩增后再克隆入适当载体。

一、动植物组织 mRNA 提取

1. 实验材料

水稻叶片或小鼠肝组织。

2. 实验设备

研钵，冷冻台式高速离心机，低温冰箱，冷冻真空干燥器，层析柱，紫外检测仪，电泳仪，电泳槽。

3. 实验试剂

（1）无 RNA 酶的灭菌水　用高温烘烤的玻璃瓶（180℃处理 2h）装蒸馏水，然后加入 0.01%（体积分数）的 DEPC，处理过夜后高压灭菌。

（2）75% 乙醇　用 DEPC 处理的水配制 75% 乙醇（用高温灭菌器皿配制），然后装入高温烘烤的玻璃瓶中，存放于低温冰箱。

（3）1 × 层析柱加样缓冲液　20mmol/L Tris－HCl（pH 7.6），0.5mol/L NaCl，1mmol/L EDTA（pH 8.0），0.1% SDS。

（4）洗脱缓冲液　10mmol/L Tris－HCl（pH 7.6），1mmol/L EDTA（pH 8.0），0.05% SDS。

（5）其他　氯仿，异丙醇，0.1mol/L NaOH，3mol/L NaAc（pH 5.2），冰乙醇。

4. 操作步骤

（1）动植物总 RNA 提取——Trizol 法　Trizol 法适用于人类、动物、植物、微生物的组织或培养细菌，样品量从几十毫克至几克。用 Trizol 法提取的总 RNA 无蛋白和 DNA 污染。RNA 可直接用于 Northern 印迹分析、印迹杂交、poly（A）分离、体外翻译、RNase 封阻分析和分子克隆。

步骤

①将组织在液氮中磨成粉末后，再以 50～100mg 组织加入 1mL Trizol 液研磨，注意样品总体积不能超过所用 Trizol 体积的 10%。

②研磨液室温放置 5min，然后以每毫升 Trizol 液加入 0.2mL 氯仿的比例加入氯仿，盖紧离心管，用手剧烈摇荡离心管 15s。

③取上层水相于一新的离心管，按每毫升 Trizol 液加 0.5mL 异丙醇的比例加入异丙醇，室温放置 10min，12000×*g* 离心 10min。

④弃去上清，按每毫升 Trizol 液加入至少 1mL 的比例加入 75% 乙醇，涡旋混匀，4℃下 7500×*g* 离心 5min。

⑤小心弃去上清，然后室温或真空干燥 5～10min，注意不要干燥过分，否则会降低 RNA 的溶解度。然后将 RNA 溶于水中，必要时可 55～60℃水浴 10min。RNA 可进行 mRNA 分离，或贮存于 70% 乙醇并保存于－70℃。

注意事项

①整个操作要戴口罩及一次性手套，并尽可能在低温下操作。

②加氯仿前的匀浆液可在－70℃保存一个月以上，RNA 沉淀在 70% 乙醇中可在 4℃保存一周，－20℃保存一年。

（2）mRNA 提取　由于 mRNA 末端含有许多 poly（A），当总 RNA 流经 oligo（dT）纤维素时，在高盐缓冲液作用下，mRNA 被特异地吸附在 oligo（dT）纤维素柱上，在低盐浓度或蒸馏水中，mRNA 可被洗下，经过两次 oligo（dT）纤维素柱，可得到较纯的 mRNA。

步骤

①用 0.1mol/L NaOH 悬浮 0.5～1.0g oligo（dT）纤维素。

②将悬浮液装入灭菌的一次性层析柱中或装入填有经 DEPC 处理并经高压灭菌的玻璃棉的巴斯德吸管中，柱床体积为 0.5～1.0mL，用 3 倍柱床体积的灭菌水冲洗柱床。

③用 1×层析柱加样缓冲液冲洗柱床，直到流出液的 pH 小于 8.0。

④将上述（1）中提取的 RNA 液于 65℃温育 5min 后迅速冷却至室温，加入等体积 2×层析柱缓冲液，上样，立即用灭菌试管收集洗出液，当所有 RNA 溶液进入柱床后，加入 1 倍柱床体积的 1×层析柱加样缓冲液。

⑤测定每一管的 OD_{260}，当洗出液中 OD_{260} 为 0 时，加入 2～3 倍柱床体积的灭菌洗脱缓冲液，以 1/3～1/2 柱床体积分管收集洗脱液。

⑥测定 OD_{260}，合并含有 RNA 的洗脱组分。

⑦加入 1/10 体积的 3mol/L NaAc（pH 5.2），2.5 倍体积的冰乙醇，混匀，-20℃放置 30min。

⑧4℃下 12000×g 离心 15min，小心弃去上清，用 70% 乙醇洗涤沉淀，4℃下 12000×g 离心 5min。

⑨小心弃去上清，沉淀空气干燥 10min，或真空干燥 10min。

⑩用少量水溶解 RNA，即可用于 cDNA 合成（或保存在 70% 乙醇中并贮存于 -70℃）。

注意事项

①mRNA 在 70% 乙醇中 -70℃可保存一年以上。

②oligo（dT）纤维素柱用后可用 0.3mol/L NaOH 洗净，然后用层析柱加样缓冲液平衡，并加入 0.02% 叠氮化钠（NaN_3）冰箱保存，重复使用。每次用前需用 NaOH 水溶液和层析柱加样缓冲液依次淋洗柱床。

二、植物病毒 RNA 提取

大多植物病毒 RNA 为单链 RNA，并且其极性与 mRNA 极性相同。植物病毒 RNA 提取较为简单，一般使用苯酚:氯仿即可获得满意的结果。

1. 实验材料

提纯的 TMV 病毒液（10mg/mL）。

2. 实验设备

冷冻台式离心机，低温真空干燥仪，电泳仪，电泳槽。

3. 实验试剂

苯酚:氯仿（1:1），氯仿，3mol/L NaAc（pH 5.2），乙醇（100% 和 70%），TE 缓冲液，无 RNA 酶的无菌水。

4. 操作步骤

步骤

（1）取一离心管加入提纯的 TMV 病毒液（10mg/mL）400mL，再加入等体积苯酚:氯仿，盖紧管盖后用手充分振荡 1min，4℃下 12000×g 离心 10min。

（2）吸取水相于一新离心管，再用苯酚:氯仿抽提，直至水相和有机相交界面无蛋白为止。

（3）吸取水相于新离心管，加入等体积氯仿，用手倒置离心管数十秒，4℃下 12000×g 离心 10min。

（4）取水相，加入 1/10 倍体积的 3mol/L NaAc（pH 5.2），2.5 倍体积的冰乙醇，混匀，-20℃放置 30min。

（5）4℃下 12000×g 离心 15min，小心弃去上清，用 70% 乙醇洗涤沉淀，4℃下 12000×g 离心 5min。

（6）小心弃去上清，沉淀真空干燥 5min 或空气干燥 10min，并溶于无 RNA 酶的无菌水或 TE 缓冲液中。

（7）取 10mL 进行电泳分析，另 10mL 用于 cDNA 合成。

注意事项

(1) 整个操作应尽可能在低温下进行。

(2) 由于病毒 RNA 镶嵌于外壳蛋白里面，因此要充分剥去病毒外壳蛋白，一般需要多次进行苯酚:氯仿的抽提。

三、丝状真菌 RNA 提取

1. 总 RNA 提取——酸性硫氰酸胍法

(1) 0.2g 菌丝体在研钵中经液氮冷冻磨碎，转移至 2mL 离心管，加入 600μL 冰预冷的提取缓冲液和 4μL 的巯基乙醇，振荡混匀。

提取缓冲液 (300mL)：硫氰酸胍 141.8g，柠檬酸钠 2.2g，月桂基肌氨酸钠 1.5g，去离子水至 300mL。113℃ 灭菌 30min。

(2) 加入 60μL 2mol/L NaAc (pH 4.6)，混匀。

(3) 加入等体积的水饱和酸性酚抽提，之后另加入 200μL 的氯仿，再行抽提。

(4) 置冰上 20min 后，4℃ 离心，13000r/min 15min。

(5) 取上清至新管，加冰预冷的等体积异丙醇，混匀，置 -70℃ 1h 以上。

(6) 4℃ 离心，13000r/min 15min，尽可能去上清，加入 100μL 4mol/L LiCl，充分振荡，置冰上 10min。

(7) 4℃ 离心，13000r/min 10min，去掉上清，加入 300μL 无 RNase 水，振荡使溶解，再加入等体积的 1:1 酚:氯仿。

(8) 4℃ 离心，13000r/min 10min，取上清至新管，再用氯仿抽提 1~2 次。

(9) 往上清加入 30μL 3mol/L NaAc (pH 5.8)，再加入 600μL 无水乙醇，摇匀后置 -70℃ 30min。

(10) 4℃ 离心，13000r/min，15min，用冰预冷的 70% 乙醇洗涤沉淀两次，晾干后溶解于 50μL 无 RNase 水。

2. 试剂盒法

RNA 提取试剂盒 (以 TaKaRa MiniBEST 植物 RNA 提取试剂盒为例) 可以对各种简单的植物组织材料 (叶片、茎、幼苗等)、富含多糖多酚的植物组织材料 (果实、种子等)、真菌等进行 RNA 的提取。

(1) 操作步骤

①将新鲜的或超低温冻存的植物组织样品迅速转移至用液氮预冷的研钵中，用研杵研磨组织，期间不断加入液氮，直至研磨成粉末状 (无明显的可见颗粒，如果没有研磨彻底会影响 RNA 的收率和质量)。将研磨成粉末状的样品 (50~100mg) 加入到含有 450μL 缓冲液 RL (使用前请确认已加入 50×DTT 溶液) 的 1.5mL 灭菌管中，用移液枪反复吹打直至裂解液中无明显沉淀。

②将裂解液 12000r/min，4℃ 离心 5min。

③将上清小心吸取到新的 1.5mL 灭菌管中。

④加入样品裂解步骤中上清或混合液 1/2 体积的无水乙醇 (此时可能会出现沉淀)，使用移液枪将溶液混合均匀。

⑤立即将混合液（含沉淀）全部转入到 RNA 吸附柱（含 2mL 收集管）中（如果混合液的体积大于 600μL，请分批加入，每次加入的体积不要大于 600μL）。

⑥12000r/min，离心 1min，弃滤液。将 RNA 吸附柱放回到 2mL 收集管中。

⑦将 500μL 缓冲液 RWA 加入至 RNA 吸附柱中，12000r/min 离心 30s，弃滤液。

⑧将 600μL 缓冲液 RWB（请确认缓冲液 RWB 中已经加入了指定体积的 100% 乙醇）加入至 RNA 吸附柱中，12000r/min 离心 30s，弃滤液。请沿 RNA 吸附柱管壁四周加入缓冲液 RWB，这样有助于完全冲洗沾附于管壁上的盐分。

⑨DNase I 消化（可选择）利用本试剂盒提取 RNA 时可以有效地去除植物组织中绝大部分的基因组 DNA，提取的 RNA 一般不含基因组 DNA。若后续实验对 RNA 纯度要求比较严格，可以选择性地在 RNA 吸附柱膜上进行 DNase I 消化。

a. DNase I 反应液的配制：取 5μL 10 × DNase I 缓冲液、4μL 重组 DNase I（无 RNase，5U/μL）、41μL 无 RNase dH_2O 到新的 1.5mL 无 RNase 离心管中，混合均匀。

b. 向 RNA 吸附柱膜中央加入 50μL DNase I 反应液，室温静置 15min。

c. 向 RNA 吸附柱膜中央加入 350μL 的缓冲液 RWB，12000r/min 离心 30s，弃滤液。

⑩重复操作步骤⑧。

⑪将 RNA 吸附柱重新安置于 2mL 收集管上，12000r/min 离心 2 min。

⑫将 RNA 吸附柱安置于 1.5mL 的无 RNase 收集管（试剂盒提供）上，在 RNA 吸附柱膜中央处加入 50 ~ 200μL 的无 RNase dH_2O 或 0.1% DEPC 处理水，室温静置 5min。

⑬12000r/min 离心 2min 洗脱 RNA。

⑭若想提高 RNA 的收量，可再向 RNA 吸附柱膜中央加入 50 ~ 200μL 的无 RNase dH_2O 或 0.1% DEPC 处理水洗脱 RNA；若要得到高浓度的 RNA，也可以将第一次的洗脱液重新加回至 RNA 吸附柱中，室温静置 5min，12000r/min 离心 2min 洗脱 RNA。

（2）实验试剂

①制品内容（10 次量）　本试剂盒分为组分 I 和组分 II 两部分。

组分 I（-20℃保存）	
50 × DTT 溶液	125μL
重组 DNase I（无 RNase；5U/μL）	250U
10 × DNase I 缓冲液	62.5μL
组分 II（室温 15 ~ 25℃下保存）	
缓冲液 PE	5mL
缓冲液 NB	500 μL
缓冲液 RL	5mL
缓冲液 RWA	6mL
缓冲液 RWB	2.7mL × 2
无 RNase dH_2O	1.5mL × 2
RNA 吸附柱	10 套
无 RNase 收集管（1.5mL）	10 支

a. 操作前请在缓冲液 RL 中加入 50 × DTT 溶液，每 1mL 缓冲液 RL 中加入 20μL 50 × DTT 缓冲液。此裂解液最好现用现配。加入 50 × DTT 溶液的缓冲液 RL 裂解液可在室温下放置 1 个月。

b. 试剂中含有强变性剂，应避免与皮肤、衣物等接触。若不小心接触到眼睛或皮肤时，请立即到医院进行处理。

c. 首次使用前，向缓冲液 RWB 中添加 6.3 mL 的 100% 乙醇。

②其他试剂　液氮，RL 缓冲液，无水乙醇，80% 乙醇（0.1% DEPC 处理水配制）。

（3）预防 RNase 污染的注意事项

①RNA 制备的关键是要抑制细胞中的 RNA 分解酶和防止所用器具及试剂中的 RNA 分解酶的污染。因此，在实验中必须采取以下措施：戴一次性干净手套；使用 RNA 操作专用实验台；在操作过程中避免讲话等。通过以上办法可以防止实验者汗液、唾液中的 RNA 分解酶的污染。

②使用器具尽量使用一次性塑料器皿，若用玻璃器皿，应在使用前按下列方法进行处理：用 0.1% DEPC（焦碳酸二乙酯）水溶液在 37℃ 下处理 12h；然后在 120℃ 下高压灭菌 30min 以除去残留的 DEPC。

③用于 RNA 实验的试剂，须使用干热灭菌（180℃，60min）或使用上述方法进行 DEPC 水处理灭菌后的玻璃容器盛装（也可以使用 RNA 实验用的一次性塑料容器），使用的无菌水须用 0.1% 的 DEPC 处理后再进行高温高压灭菌。

④RNA 实验用的试剂和器具建议专门使用，不要用于其他实验。

四、细菌 RNA 提取

1. Trizol 法提取细菌总 RNA

（1）挑取细菌单菌落，培养至稳定期，取菌液 3mL 离心得菌体于 1.5mL 离心管。

（2）每管加入 1mL Trizol 溶液，盖紧管盖，激烈振荡 15s，室温静置 5min。

（3）4℃，12000 × *g* 离心 10min。

（4）取上清（约 1mL）转入新的 1.5mL 离心管中。

（5）每管加入 0.2mL 氯仿（0.2 倍体积 Trizol 溶液），盖紧盖，剧烈振荡 15s。

（6）室温静置 3min。

（7）4℃，12000 × *g* 离心 10min。

（8）小心吸取上层水相，转入另一新的 1.5mL 离心管，测量其体积。

（9）加入 1 倍体积的氯仿，盖紧盖，剧烈振荡 15s。

（10）室温静置 3min。

（11）4℃，12000 × *g* 离心 10min。

（12）小心吸取上层水相，转入另一新的已编号 1.5mL 离心管。

（13）加入 0.5mL 的异丙醇（0.5 倍体积 Trizol 溶液），轻轻颠倒混匀。

（14）室温静置 10min。

（15）4℃，12000 × *g* 离心 10min，RNA 沉于管底。

（16）小心吸去上清，加 1mL 75% 乙醇（预冷），并轻柔颠倒，洗涤沉淀。

（17）4℃，7500 × g 离心 5min。

（18）小心弃上清，微离，吸去剩余乙醇，室温干燥 10min。

（19）各管用 50μL DEPC 处理过的双蒸去离子水溶解，55 ~ 60℃温育 5min，分装，-80℃贮存（可贮存 5 周）。

2. RNA 浓度的测定

取 10μL RNA 样品以双蒸水稀释至 2mL，转入预先以无水乙醇隔夜浸泡后晾干的石英比色皿中，小心排除气泡，以等体积的双蒸水作为空白对照，在紫外分光光度计中分别测定 260nm、280nm、360nm（参比波长）的光吸收值，根据公式计算 RNA 的浓度。

RNA 浓度（μg / μL）= OD_{260} × 稀释倍数（200）× 40（μg/mL）/1000

纯 RNA 样品的 OD_{260}/OD_{280} 比值为 1.8 ~ 2.0，若低于该值，表明存在蛋白质污染，可重新用苯酚∶氯仿抽提。该值为 2.0 时，RNA 纯度为最高。

3. RNA 质量检测

将 RNA 进行琼脂糖凝胶电泳检测，目的在于检测 28S 和 18S 条带的完整性和它们的比值，或者是 mRNA 的完整性。一般认为，如果 28S 和 18S 条带明亮、边缘清晰，并且 28S 的亮度在 18S 条带的两倍以上，则 RNA 的质量较好。

（1）将洗净、干燥的电泳槽和模具，水平放置在工作台上。

（2）准确称取 0.15g 琼脂糖加入 15mL 1 × TAE 中，摇匀，在微波炉内将琼脂糖溶液完全溶解，待冷却至 60℃时，加入 GoldView（终浓度为 5μL/mL），充分混匀。

（3）插入适当的梳子，将温热的凝胶倒入胶模中，凝胶厚度为 3 ~ 5mm，置于室温下凝固。

（4）待凝胶凝固后，小心移去梳子，将凝胶置于电泳槽中，加入电泳缓冲液，使液面高出凝胶 1 ~ 2mm。

（5）用微量移液枪将样品与上样缓冲液混合，并将混合液小心加入上样孔内，同时加入合适分子质量范围的 DNA 分子质量标准作为对照。

（6）盖上电泳槽盖，调节电压 100V，电泳 30min 左右。

（7）电泳完毕后将凝胶置于紫外透射检测仪上观察结果，用凝胶成像系统照相保存。

4. 注意事项

（1）提取时要做到超净台内操作，操作戴一次性手套，EP 管及 Tip 头都要用 0.1% DEPC 处理（0.1% DEPC 浸泡过夜后，高压蒸汽灭菌），小心、细致晃动，每次移液要轻。这样做的目的有两个，一是小心 RNase 的污染，防止 RNA 降解；二是动作过度暴力会破坏 RNA 的完整性。

（2）一般 RNA 电泳应该是做甲醛变性电泳，但是一般的琼脂糖电泳也可以，需要上样量稍微大些，并且跑电泳的时间越短越好（这样也是为了减少外界 RNase 对 RNA 的降解）。跑完电泳立刻观察。

五、酵母 RNA 提取

热酚法抽提酵母 RNA 步骤如下。

（1）将酵母细胞培养在3mL选择性培养基中，30℃过夜旋转培养。

（2）稀释过夜培养的菌液，重新在10mL培养基中培养细胞。

（3）OD_{600}达到1.0时，收菌，4000r/min离心5min，弃培养基。

（4）将细胞悬浮于400μL AE缓冲液（50mmol/L乙酸钠，10mmol/L EDTA，pH≠5.2）。

（5）加入1/10体积的10% SDS，充分混合。

（6）加入在65℃预热的等体积酸性酚（pH 4.5），混合。

（7）65℃加热5min，冰上放置10min。

（8）在室温下8000r/min离心10min。

（9）取水相，加入等体积的苯酚∶氯仿∶异戊醇（25∶24∶1），10000r/min离心8min。

（10）取水相，加入等体积氯仿∶异戊醇（49∶1），10000r/min离心8min。

（11）加入1/10体积3mol/L pH 5.2的乙酸钠，2.5倍体积的乙醇，-20℃过夜沉淀。

（12）沉淀样品于4℃10000r/min离心5min，去除液体。

（13）在冰上干燥RNA（放置15min），最后用适量DEPC水溶解RNA。

六、cDNA的合成

关于cDNA合成的试剂盒很多，以TaKaRa PrimeScript™双链cDNA合成试剂盒为例说明。

（1）制品内容（10次量）

PrimeScript RTase（200U/μL）	10μL
RNase抑制剂（40U/μL）	10μL
Oligo（dT）$_{18}$引物（1μg/μL）	20μL
随机引物（9聚体）（0.3μg/μL）	20μL
5×第一链合成缓冲液	40μL
dNTP混合液（各10mmol/L）	40μL
E. coli RNase H/*E. coli* DNA连接酶混合液	20μL
E. coli DNA聚合酶I（20U/μL）	20μL
5×第二链合成缓冲液	300μL
T_4 DNA聚合酶（1U/μL）	40μL
无RNase dH_2O	600μL×2
对照RNA（1μg/μL）	5μL

（2）试剂盒外所需试剂及仪器

试剂：10%（质量体积分数）SDS，0.25mol/L EDTA（pH 8.0），苯酚∶氯仿∶异戊醇（25∶24∶1），氯仿∶异戊醇（24∶1），10mol/L乙酸铵，异丙醇，乙醇，TE。

仪器：微量离心机（微型离心机），水浴槽（PCR仪），微量移液枪及头，微量离心管。

1. cDNA第一条链合成

（1）在微量离心管中配制下列反应液，全量10μL。

模板 RNA [poly（A^+）mRNA]	2μg
dNTP 混合液	1μL
Oligo（dT)$_{18}$引物或随机引物	2μL
无 RNase dH_2O	至 10μL

（2）65℃保温 5 min 后，冰上迅速冷却。

（3）配制以下反应液加入上述反应液中，全量 20μL。

5×第一链合成缓冲液	4μL
RNase 抑制剂	1μL
Prime Script RTase	1μL
无 RNase dH_2O	4μL

（4）轻柔搅拌混匀。

（5）42℃反应 1h。

（6）反应结束后置于冰中冷却 2min。

2. cDNA 第二条链合成及末端平滑化

（1）在第一链 cDNA 合成反应后的微量离心管中按下列顺序配制合成 cDNA 第二条链的反应液，全量为 142μL。

5×第二链合成缓冲液	30μL
dNTP 混合液	3μL
无 RNase dH_2O	89μL

（2）加入 2μL *E. coli* DNA 聚合酶 I 以及 2μL *E. coli* RNase H/*E. coli* DNA 连接酶混合液，轻微搅拌。

（3）16℃反应 2h。

（4）70℃加热 10min。

（5）加入 4℃的 T_4 DNA 聚合酶，轻轻搅拌。

（6）37℃反应 10min。

（7）加入 15℃的 0.25mol/L EDTA（pH 8.0）以及 15℃的 10% SDS 溶液搅拌，停止反应。

3. cDNA 的精制

（1）反应停止后反应液总体积为 180μL，加入等量（180μL）的苯酚:氯仿:异戊醇（25:24:1）溶液，剧烈振荡 5～10s 混合。

（2）在室温下 15000r/min 离心 1min，液体分为两层。小心取出水相（上层）移至另一个新的微量离心管中（注意切勿取出下层）。

（3）向水相中加入等量（180μL）的氯仿:异戊醇（24:1）溶液，剧烈振荡 5～10s 混合。

（4）在室温下 15000r/min 离心 1min，液体分为两层。小心取出水相（上层）移至另一个新的微量离心管中。

（5）加入 60μL 的 10mol/L CH_3COONH_4。

（6）加入 2.5 倍量的乙醇（600μL），充分混匀。

（7）室温下放置 10min。
（8）在 4℃下 15000r/min 离心 15min，除去上清。
（9）用 70%乙醇清洗沉淀，在 4℃下 15000r/min 离心 5min，除去上清。
（10）用适量的 TE 缓冲液溶解。
（11）-20℃保存。

思考题

1. 为什么 mRNA 提取是 cDNA 合成成败的关键？
2. 试比较自身引导法和置换合成法合成 cDNA 的优缺点？

第四章　聚合酶链反应（PCR）

一、常规 PCR 技术

1. 概述

聚合酶链反应（polymerase chain reaction，PCR）是一种选择性体外扩增 DNA 或 RNA 的方法。它包括三个基本步骤。①变性（denature）：目的双链 DNA 片段在 94℃下解链；②退火（anneal）：两种寡核苷酸引物在适当温度下与模板上的目的序列通过氢键配对；③延伸（extension）：在 Taq DNA 聚合酶合成 DNA 的最适温度下，以目的 DNA 为模板进行合成。由这三个基本步骤组成一轮循环。理论上每一轮循环将使目的 DNA 扩增一倍，这些经合成产生的 DNA 又可作为下一轮循环的模板，所以经 25～35 轮循环就可使 DNA 扩增达 10^6 倍。

（1）PCR 反应中的主要成分

①引物　PCR 反应产物的特异性由一对上下游引物所决定，引物的好坏往往是 PCR 成败的关键。引物设计和选择目的 DNA 序列区域时可遵循下列原则：a. 引物长度为 16～30bp，太短会降低退火温度，影响引物与模板配对，从而使非特异性增高；太长则比较浪费，且难以合成。b. 引物中 G+C 含量通常为 40%～60%，可按下式粗略估计引物的解链温度 $T_m=4(G+C)+2(A+T)$。c. 4 种碱基应随机分布，在 3′端不存在连续 3 个 G 或 C，因这样易导致错误引发。d. 引物 3′端最好与目的序列阅读框架中密码子第一位或第二位核苷酸对应，以减少由于密码子摆动产生的不配对。e. 在引物内，尤其在 3′端应不存在二级结构。两引物之间尤其在 3′端不能互补，以防出现引物二聚体，减少产量；两引物间最好不存在 4 个连续碱基的同源性或互补性。f. 引物 5′端对扩增特异性影响不大，可在引物设计时加上限制性内切酶位点、核糖体结合位点、起始密码子、缺失或插入突变位点以及标记生物素、荧光素、地高辛等；通常应在 5′端限制性酶切位点外再加 1～2 个保护碱基。g. 引物不与模板结合位点以外的序列互补。h. 所扩增产物本身无稳定的二级结构，以免产生非特异性扩增，影响产量。i. 简并引物应选用简并程度低的密码子，如选用只有一种密码子的 Met，3′端应不存在简并性，否则可能由于产量低而看不见扩增产物。一般 PCR 反应中的引物终浓度为 0.2～1.0μmol/L，引物过多会产生错误引导或产生引物二聚体，过低则降低产量。

②4 种三磷酸脱氧核苷酸（dNTP）　应用 NaOH 将 dNTP pH 调至 7.0，并用分光光度计测定其准确浓度。dNTP 原液可配成 5～10mmol/L 并分装，－20℃贮存。一般反应中每种 dNTP 的终浓度为 20～200μmol/L。理论上 4 种 dNTP 各 20μmol/L，足以在 100μL 反应中合成 2.6μg 的 DNA。当 dNTP 终浓度大于 50mmol/L 时可抑制 Taq DNA 聚合酶的活性。4 种 dNTP 的浓度应该相等，以减少合成中由于某种 dNTP 的不足出现的错误掺入。

③Mg^{2+}　Mg^{2+}浓度对Taq DNA聚合酶影响很大，它可影响酶的活性和真实性，影响引物退火和解链温度，影响产物的特异性以及引物二聚体的形成等。通常Mg^{2+}浓度范围为0.5～2mmol/L。对于一种新的PCR反应，可以用0.1～5mmol/L的递增浓度的Mg^{2+}进行预备实验，选出最适的Mg^{2+}浓度。在PCR反应混合物中，应尽量减少有高浓度的带负电荷的基团，如磷酸基团或EDTA等可能影响Mg^{2+}浓度的物质，以保证最适的Mg^{2+}浓度。

④模板　PCR反应必须以DNA为模板进行扩增。模板DNA可以是单链分子，也可以是双链分子，可以是线状分子，也可以是环状分子（线状分子比环状分子的扩增效果稍好）。就模板DNA而言，影响PCR的主要因素是模板的数量和纯度。一般反应中的模板数量为10^2～10^5个拷贝，对于单拷贝基因，需要0.1μg的人基因组DNA，10ng的酵母DNA，1ng的大肠杆菌DNA，扩增多拷贝序列时，用量更少。灵敏的PCR可从一个细胞、一根头发、一个孢子或一个精子提取的DNA中分析目的序列。模板量过多则可能增加非特异性产物。DNA中的杂质也会影响PCR的效率。

⑤Taq DNA聚合酶　一般Taq DNA聚合酶的活性半衰期为92.5℃ 130min，95℃ 40min，97℃ 5min。现在人们又发现许多新的耐热的DNA聚合酶，这些酶的活性在高温下可维持更长时间。Taq DNA聚合酶的酶活性单位定义为74℃下、30min掺入10nmol/L dNTP到核酸中所需的酶量。Taq DNA聚合酶的一个致命弱点是它的出错率，一般PCR中出错率为2×10^{-4}核苷酸/每轮循环，在利用PCR克隆和进行序列分析时尤应注意。在100μL PCR反应中，1.5～2U的Taq DNA聚合酶就足以进行30轮循环。所用的酶量可根据DNA、引物及其他因素的变化进行适当的增减。酶量过多会使产物非特异性增加，过少则使产量降低。反应结束后，如果需要利用这些产物进行下一步实验，需要预先灭活Taq DNA聚合酶。灭活Taq DNA聚合酶的方法有：a. PCR产物经酚:氯仿抽提，乙醇沉淀；b. 加入10mmol/L的EDTA螯合Mg^{2+}；c. 99～100℃加热10min。目前已有直接纯化PCR产物的试剂盒可用。

⑥反应缓冲液　反应缓冲液一般含10～50mmol/L Tris－HCl（20℃下pH 8.3～8.8），50mmol/L KCl和适当浓度的Mg^{2+}。Tris－HCl在20℃时pH为8.3～8.8，但在实际PCR反应中，pH为6.8～7.8。50mmol/L的KCl有利于引物的退火。另外，反应液可加入5mmol/L二硫苏糖醇（DDT）或100μg/mL牛血清白蛋白（BSA），它们可稳定酶活性。各种Taq DNA聚合酶商品都有自己特定的一些缓冲液。

（2）PCR反应的参数

①变性　在第一轮循环前，在94℃下变性5～10min非常重要，它可使模板DNA完全解链，然后加入Taq DNA聚合酶（hot start，即热启动），这样可减少聚合酶在低温下仍有活性从而延伸非特异性配对的引物与模板复合物所造成的错误。变性不完全，往往使PCR失败，因为未变性完全的DNA双链会很快复性，减少DNA产量。一般变性温度与时间为94℃、1min。在变性温度下，双链DNA解链只需几秒即可完全，所耗时间主要是为使反应体系完全达到适当的温度。对于富含G＋C的序列，可适当提高变性温度；但变性温度过高或时间过长都会导致酶活性的损失。

②退火　引物退火的温度和所需时间的长短取决于引物的碱基组成、引物的长度、

引物与模板的配对程度以及引物的浓度。实际使用的退火温度比扩增引物的 T_m 值约低5℃。一般当引物中 G + C 含量高、长度长并与模板完全配对时，应提高退火温度。退火温度越高，所得产物的特异性越高。有些反应甚至可将退火与延伸两步合并，只用两种温度（如用60℃和94℃）完成整个扩增循环，既省时间又提高了特异性。退火一般仅需数秒即可完成，反应中所需时间主要是为使整个反应体系达到合适的温度。通常退火温度和时间为37～55℃，1～2min。

③延伸　延伸反应通常为72℃，接近于 Taq DNA 聚合酶的最适反应温度75℃。实际上，引物延伸在退火时即已开始，因为 Taq DNA 聚合酶作用的温度范围可从20～85℃。延伸反应时间的长短取决于目的序列的长度和浓度。在一般反应体系中，Taq DNA 聚合酶每分钟约可合成2kb 长的 DNA。延伸时间过长会导致产物非特异性增加。但对很低浓度的目的序列，则可适当增加延伸反应的时间。一般在扩增反应完成后，都需要一步较长时间（8～10min）的延伸反应，以获得尽可能完整的产物，这对以后进行克隆或测序反应尤为重要。

④循环次数　当其他参数确定之后，循环次数主要取决于 DNA 浓度。一般而言25～30 轮循环已经足够。循环次数过多，会使 PCR 产物中非特异性产物大量增加。通常经25～30 轮循环扩增后，反应中 Taq DNA 聚合酶已经不足，如果此时产物量仍不够，需要进一步扩增，可将扩增的 DNA 样品稀释 10^3～10^5倍作为模板，重新加入各种反应底物进行扩增，这样经60 轮循环后，扩增水平可达 10^9～10^{10}。扩增产物的量还与扩增效率有关，扩增产物的量可用下列公式表示：

$$C = C_0\ (1 + P)^n$$

式中，C 为扩增产物量；C_0为起始 DNA 量；P 为扩增效率；n 为循环次数。

在扩增后期，由于产物积累，使原来呈指数扩增的反应变成平坦的曲线，产物不再随循环数而明显上升，这称为平台效应。平台期会使原先由于错配而产生的低浓度非特异性产物继续大量扩增，达到较高水平。因此，应适当调节循环次数，在平台期前结束反应，减少非特异性产物。

（3）PCR 产物的克隆

在许多研究中，需要将 PCR 产物克隆，以获得目的 DNA 片段。此时，所用 PCR 循环数应尽量小，以减少平台效应或非特异性扩增产物的干扰。通常将 PCR 产物插入到载体中，有下列一些方法。

①平末端连接　由于 Taq DNA 聚合酶往往在 PCR 产物3′端加上多余的非模板依赖碱基，在用平末端连接克隆 PCR 产物前，可用 Klenow 片段或 T_4 DNA 聚合酶处理补平末端。

②在 PCR 产物尾部加 dT 或 ddT　Taq DNA 聚合酶会在3′端加上多余的非模板依赖碱基，而且对 A 优先聚合，所以 PCR 产物末端的多余碱基大部分都是 A。利用这一特点，可以经限制酶切割产生的平末端用酶加上 dT 或 ddT，使载体与 PCR 产物末端互补并进行连接。载体末端加 dT 尾可直接用 Taq DNA 聚合酶和 dTTP 或 ddTTP，ddTTP 因缺少3－OH 而不能再形成磷酸二酯键，保证在载体3′端只加上一个 ddTTP，而其5′端所含的磷酸基团可与 PCR 产物的3′端 OH 连接，连接产物在载体和 PCR 产物之间的双链

上带两个切口，这种重组 DNA 仍可转化合适的受体菌，并在细菌体内修复。目前一些公司已开发出可直接用于克隆 PCR 产物的 T 载体。

③黏性末端连接　利用引物中附加在 5′ 端的限制性酶切位点，直接将 PCR 产物经适当的限制性酶切割后产生粘性末端，与载体连接，产生重组 DNA。如果下游两个引物中含有两个不同的限制性酶切位点，经酶切后将定向克隆到载体中。

2. 实验材料与试剂

（1）模板　不同来源的模板 DNA。

（2）引物　上游引物和下游引物。

（3）Taq DNA 聚合酶　3 ~5U/μL。

（4）10 × PCR 缓冲液　100mmol/L Tris – HCl，15mmol/L $MgCl_2$，500mmol/L KCl，0. 1% 明胶，pH 8. 3。

（5）dNTP 混合液　dATP，dTTP，dGTP，dCTP，各 2. 5mmol/L。

（6）水　要求不含 DNA 聚合酶抑制剂，不含离子，一般为去离子双蒸水（ddH_2O），灭菌以后即可使用。

（7）酚　4℃保存，不要接触皮肤。

（8）氯仿∶异戊醇　配成 24∶1 的比例，室温避光保存。

（9）酚∶氯仿∶异戊醇 = 25∶24∶1。

（10）3mol/L NaAc。

（11）乙醇　70% 乙醇，无水乙醇。

（12）TE 缓冲液。

（13）模板 DNA　如基因组 DNA（约 0. 5μg/μL 为宜）。

（14）50 × TAE　每升含 Tris 242g，冰乙酸 57. 1 mL，$Na_2EDTA \cdot 2H_2O$ 37. 2g。

（15）5 × TBE　每升含 Tris 54g，硼酸 27. 5g，0. 05mol/L Na_2EDTA（pH 8. 0）20mL。

（16）6 × 上样缓冲液。

3. 实验仪器

PCR 仪，离心机，琼脂糖凝胶电泳设备，紫外线检测仪，移液器等。

4. 操作步骤

①在 0. 2mL PCR 管中加入下列成分：10 × PCR 缓冲液，2. 5μL；dNTP 混合液，1μL；Taq DNA 聚合酶，0. 5μL；上游引物，0. 5μL；下游引物，0. 5μL；DNA 模板，0. 5μL；ddH_2O：补至 25μL。

混匀后，在台式离心机上瞬时离心 10 s。

②在设定好的 PCR 仪上反应：95℃ 5min；95℃ 30s，50 ~ 60℃ 30s，72℃ 30s，30 个循环；72℃ 10min。

③取一部分反应液进行琼脂糖凝胶电泳，确认是否有目的 PCR 产物。另外，DNA 染色后，将 PCR 产物条带的浓度同分子质量标准条带的浓度进行比较，估算大致的 DNA 量。

如果 PCR 产物纯度较低或反应液中含有连接反应阻碍物，可以通过纯化得到改善，纯化见④ ~ ⑥。

④转至1.5mL离心管，向管中加25μL酚，25μL氯仿:异戊醇混匀，10000r/min离心30s。

⑤吸取上层液，转至另一已加5μL 3mol/L NaAc的1.5mL离心管，加150μL无水乙醇，-20℃过夜。

⑥10000r/min离心10min，弃上清，加0.5mL 70%乙醇，10000r/min离心5min。弃上清，烤箱中干燥（60℃），溶于20μL TE缓冲液。

二、降落PCR

降落PCR（Touchdown PCR）是一种增加PCR反应特异性的优化方法。一般情况下，解决PCR非特异性扩增的方法是通过调整Mg^{2+}或改变退火温度等来实现的。但这些方法既繁琐又耗时，降落PCR利用一种简单的手段克服了这些复杂的问题。其基本原理是：设计多循环反应程序以使相连循环的退火温度越来越低。开始时的退火温度选择为高于估计的T_m值，随着循环的进行，退火温度逐渐降到T_m值，并最终低于这个水平。这个策略有利于确保第一个引物-模板杂交事件发生在最互补的反应物之间，即那些生产目的扩增产物的反应物之间。尽管退火温度最终会降到非特异性杂交的T_m值，但此时目的扩增物已开始几何扩增，在剩下的循环中处于超过任何滞后（非特异）PCR产物的地位。由于目标是在较早的循环中避免低T_m值配对，在降落PCR中，必须应用热启动技术（hot start）。

编设降落PCR程序的目的是要设计一系列退火温度越来越低的循环，退火温度的范围应该跨越15℃左右，从高于估计T_m值至少几℃到低于它10℃左右。例如，如果一对引物的计算T_m值为63℃，可设定PCR仪的退火温度从66℃降到50℃（每两个循环降低退火温度1℃），再在50℃退火温度下做15个循环。如果在降落PCR中，持续出现假象带，表明起始退火温度太低，或者目的扩增产物和非目的产物的T_m值相差无几，和（或）非目的扩增物以更高的效率扩增。把退火温度每降低1℃时所需要的循环数增加到3或4，有可能在非目的产物开始扩增以前给目的产物增加竞争优势。这时，应从程序的末尾去掉相应的循环数，以避免过度循环扩增产物的降解和产生高分子质量的成片产物。

三、RACE技术

近年来随着生物技术的不断发展，出现了许多克隆新基因的方法和手段，如图谱克隆技术、转座子标签技术、mRNA差异显示技术、二基因组减法技术以及cDNA文库筛选技术等。但上述方法大多具有实验周期长、技术步骤繁琐且工作量大等特点。cDNA末端快速扩增技术（rapid amplification of cDNA ends，RACE）是一种基于PCR从低丰度的转录本中快速扩增cDNA的5′和3′末端的有效方法，以其简单、快速、廉价等优势而受到越来越多的重视。

经典的RACE技术是由Frohman等（1988）发明的一项技术，主要通过RT-PCR技术由已知部分cDNA序列来得到完整的cDNA 5′和3′端，包括单边PCR和锚定PCR。该技术提出以来经过不断发展和完善，克服了早期技术步骤多、时间长、特异性差的缺点。对传统 RACE 技术的改进主要是引物设计及 RT-PCR 技术的改进：改进之一是利用锁定引物（lock docking primer）合成第一链 cDNA，即在 oligo（dT）引物的 3′ 端引入两个简并的核苷酸［5′-oligo（dT）$_{16\sim30}$MN-3′，M=A/G/C，N=A/G/C/T］，使引物定位在 poly（A）尾的起始点，从而消除了在合成第一条 cDNA 链时 oligo（dT）与 poly（A）尾的任何部位的结合所带来的影响；改进之二是在 5′ 端加尾时，采用 poly（C），而不是 poly（A）；改进之三是采用 RNase H-莫洛尼鼠白血病毒（MMLV）反转录酶或选择嗜热 DNA 聚合酶可能在高温（60~70℃）有效地逆转录 mRNA，从而消除了 5′ 端由于高 G+C 含量导致的 mRNA 二级结构对逆转录的影响；改进之四是采用热启动 PCR（hot start PCR）技术和降落 PCR 提高 PCR 反应的特异性。

随着 RACE 技术的日益完善，目前已有商业化 RACE 技术产品推出，如 CLONTECH 的 Marathon^{nTM}技术和 SMART^{TM} RACE 技术。

利用 mRNA 3′ 末端的 poly（A）尾巴作为一个引物结合位点，以连有 SMART 寡核苷酸序列通用接头引物的 oligo（dT）$_{30}$MN 作为锁定引物反转录合成标准第一链 cDNA。然后用一个基因特异引物 GSP2（gene specific primer，GSP）作为上游引物，用一个含有部分接头序列的通用引物 UPM（universal primer，UPM）作为下游引物，以 cDNA 第一链为模板，进行 PCR 循环，把目的基因 3′末端的 DNA 片段扩增出来（图 4-1）。

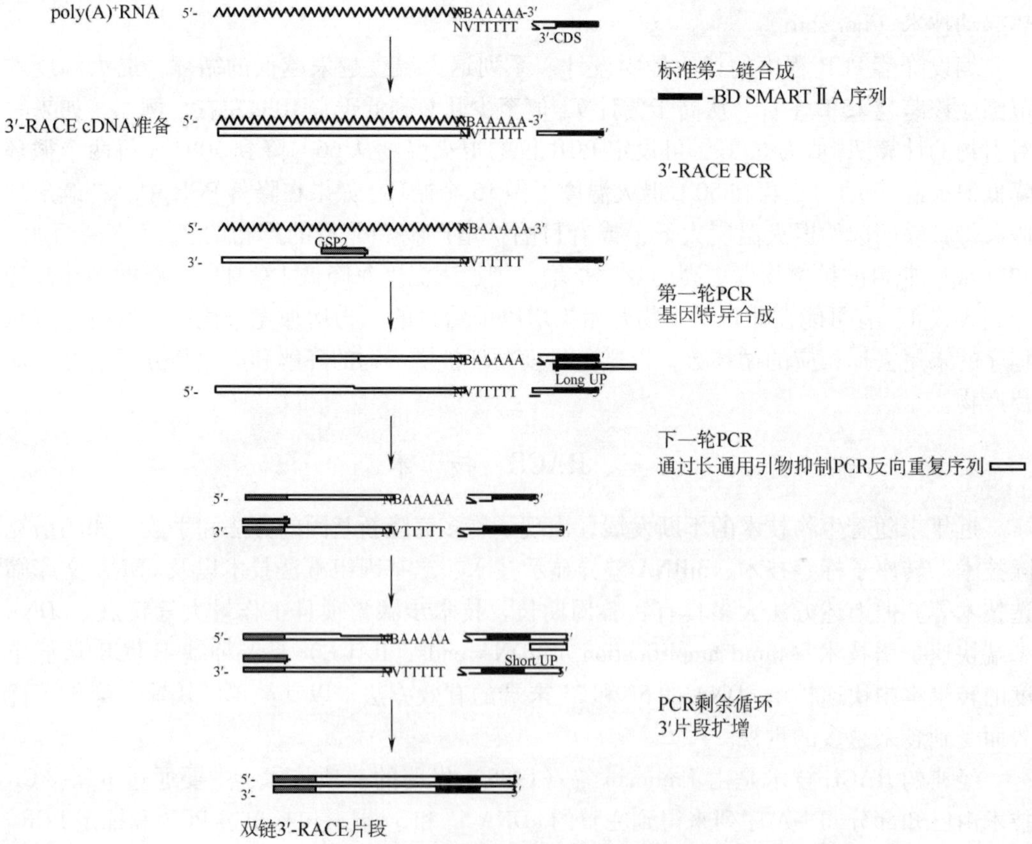

图 4-1　SMART^{TM} 3′-RACE 的原理

先利用 mRNA 3′ 末端的 poly（A）尾巴作为一个引物结合位点，以 oligo（dT)$_{30}$MN 作为锁定引物在反转录酶 MMLV 作用下，反转录合成标准第一链 cDNA。利用该反转录酶具有的末端转移酶活性，在反转录达到第一链的5′末端时自动加上 3～5 个（dC）残基，退火后（dC）残基与含有 SMART 寡核苷酸序列 oligo（dG）的通用接头引物配对后，以 SMART 序列为模板继续延伸而连上通用接头（图 4－2）。然后用一个含有部分接头序列的通用引物 UPM 作为上游引物，用一个基因特异引物 GSP1 作为下游引物，以 SMART 第一链 cDNA 为模板，进行 PCR 循环，把目的基因 5′ 末端的 cDNA 片段扩增出来。最终，从 2 个有相互重叠序列的 3′/5′－RACE 产物中获得全长 cDNA，或者通过分析 RACE 产物的 3′和 5′端序列，合成相应引物扩增出全长 cDNA。

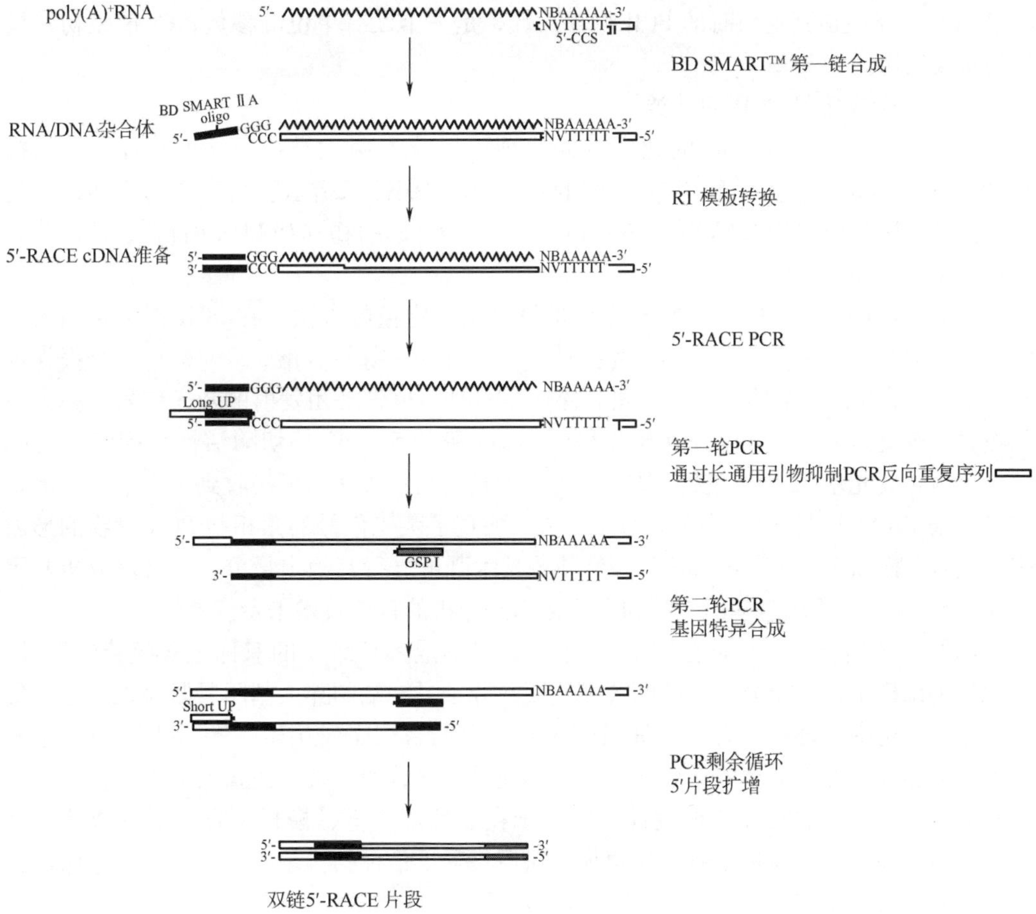

图 4－2　SMART™ 5′－RACE 的原理

四、实时荧光定量 PCR

1. 实时荧光定量 PCR 原理

实时 PCR（实时荧光定量 PCR）就是在 PCR 扩增过程中，通过荧光信号，对 PCR

进程进行实时检测。一般来讲，实时荧光定量 PCR 仪主要由样品载台、基因扩增热循环组件、微量荧光检测光学系统、微电路控制系统、计算机及应用软件组成。其中基因扩增热循环组件的工作原理与传统基因扩增仪大致相同，不同厂家不同型号的产品分别采用空气加热、压缩机制冷、半导体加热制冷等方式工作，独特的是微量荧光检测系统，它由荧光激发光学部件、微量荧光检测部件、光路控制系统组成。常用的荧光激发方式有两种：卤钨灯和 LED；荧光检测元件常用两种方式：光电倍增管和冷光 CCD 摄像机；光单色元件有滤光片和光栅。在实时 PCR 扩增过程中，荧光信号被收集，转化成为扩增和熔解曲线。具体数据就是基线、荧光阈值和 *Ct* 值。

一般来讲，第 3 ~ 15 个循环的荧光值就是基线，是由于测量的偶然误差引起的。阈值一般是基线的标准偏差的 10 倍。在实际操作中也可以手动调节，位于指数期就可以。*Ct* 值就是荧光值达到阈值时的 PCR 循环次数，是一个没有单位的参数，*Ct* 值跟初始模板的量成反比。

2. 实时荧光定量 PCR 的种类

根据实时荧光定量 PCR 的化学发光原理可以分为两大类：一类为探针类，包括 TaqMan 探针和分子信标，利用与靶序列特异杂交的探针来指示扩增产物的增加；一类为非探针类，其中包括如 SYBR Green I 或者特殊设计的引物（如 LUX 引物），通过荧光染料来指示产物的增加。

（1）TaqMan 探针法　TaqMan 探针是最早用于定量的方法，在 PCR 扩增时加入一对引物的同时加入一个特异性的荧光探针，该探针为一寡核苷酸，5′端标记一个报告荧光基团，3′端标记一个猝灭荧光基团。探针完整时，报告基团发射的荧光信号被猝灭基团吸收，也就是 FRET 反应；PCR 扩增时，Taq 酶的 5′ - 3′ 外切酶活性将探针酶切降解，使报告荧光基团和猝灭荧光基团分离，荧光监测系统从而可接收到荧光信号，即每扩增一条 DNA 链，就有一个荧光分子形成，实现了荧光信号的累积与 PCR 产物的形成完全同步。而新型 TaqMan - MGB 探针使该技术既可进行基因定量分析，又可分析基因突变（SNP），有望成为基因诊断和个体化用药分析的首选技术平台。

（2）分子信标法　一种在靶 DNA 不存在时形成茎环结构的双标记寡核苷酸探针。在此发夹结构中，位于分子一端的荧光基团与分子另一端的猝灭基团紧紧靠近。分子信标的茎环结构中，环一般为 15 ~ 30 个核苷酸，并与目标序列互补；茎一般为 5 ~ 7 个核苷酸，并相互配对形成茎的结构。荧光基团连接在茎臂的一端，而猝灭剂则连接于另一端。分子信标必须非常仔细地设计，以至于在复性温度下，模板不存在时形成茎环结构，模板存在时则与模板配对。与模板配对后，分子信标的构象改变使得荧光基团与猝灭剂分开，荧光基团被激发，产生荧光信号。

（3）SYBR Green 法　SYBR Green I 是一种结合于小沟中的双链 DNA 结合染料，与双链 DNA 结合后，其荧光大大增强。这一性质使其用于扩增产物的检测非常理想。SYBR Green I 的最大吸收波长约为 497nm，发射波长最大约为 520nm。在 PCR 反应体系中，加入过量 SYBR Green 荧光染料，SYBR Green 荧光染料特异性地掺入 DNA 双链后，发射荧光信号，而不掺入链中的 SYBR Green 染料分子不会发射任何荧光信号，从而保证荧光信号的增加与 PCR 产物的增加完全同步。

（4）LUX 引物法　LUX（light upon extention）引物是利用荧光标记的引物实现定量的一项新技术。目标特异的引物对中的一个引物 3′端用荧光报告基团标记。在没有单链模板的情况下，该引物自身配对，形成发夹结构，使荧光猝灭。在有目标片段的时候，引物与模板配对，发夹结构打开，产生特异的荧光信号。

3. 实时荧光定量 PCR 的实验设计

实验设计其实比实验本身更重要，好的实验设计可以事半功倍，节省时间。对于一个实时荧光定量 PCR 而言，首先就是实验材料的处理和准备；然后是引物设计，这步至关重要，好的引物是实验本身成功的一半。

（1）实验材料的处理和准备　以最基本的基因表达差异分析为例。实验材料分为对照组和处理组。组内要有生物重复，可以数据分析此处理是否有统计意义。在材料收集过程中，尽量避免 RNA 的降解（尤其对于绝对定量的样品）。一般传统的收集材料的方法是样品采集立刻液氮速冻，然后迅速转移到超低温冰箱保存。但这种方法携带不方便，尤其对于异地取材。现在新技术的发展，也有一些非液氮类的样品储存液，比如百泰克的 RNAfixer。

（2）引物设计

①一般实时荧光定量 PCR 引物的设计遵循下面一些原则：扩增产物长度在 80～150bp；引物应在核酸系列保守区内设计并具有特异性；产物不能形成二级结构；引物长度一般在 15～30bp 之间；G+C 含量在40%～60%之间；碱基要随机分布；引物自身不能有连续 4 个碱基的互补；引物 5′端可以修饰，引物 3′端不可修饰；引物 3′端要避开密码子的第 3 位。

②Taqman 探针的设计稍有不同，一般由公司设计合成。遵循下面一下原则：尽量靠在上游引物；长度 30～45bp，T_m 比引物至少高 5℃；5′端不要是 G，G 会有猝灭作用，影响定量。

4. 实时荧光定量 PCR 的操作过程

（1）RNA 提取和反转录　在抽提 RNA 的过程中任一环节的不正确操作都可能导致 RNA 酶的污染。由于 RNA 酶的活性很难完全抑制，预防其污染是十分必要的。在实际的操作中应遵循下面一些原则。

①全程佩戴一次性手套。皮肤经常带有细菌和霉菌，可能污染 RNA 的抽提并成为 RNA 酶的来源。应培养良好的微生物实验操作习惯预防微生物污染。

②使用灭菌的一次性塑料器皿和自动吸管抽提 RNA，避免使用公共仪器，以防 RNA 酶交叉污染。

③在提取裂解液的过程中，RNA 是隔离在 RNA 酶污染之外的。而对样品的后续操作会要求用无 RNA 酶的非一次性的玻璃器皿或塑料器皿。玻璃器皿可以在 150℃的烘箱中烘烤 4h；塑料器皿可以在 0.5mol/L NaOH 中浸泡 10min，用水彻底漂洗干净后高压灭菌备用。

（2）Mix 配制　一般来讲，实时荧光定量 PCR Mix 都是 2 倍的浓缩液，只需要加入模板和引物就可以。由于实时荧光定量 PCR 灵敏度高，所以每个样品至少要做 3 个平行孔，以防在后面的数据分析中，由于 *Ct* 相差较多或者 SD 太大，无法进行统计分析。

通常来讲，反应体系的引物终浓度为 100～400mmol/L；模板如果是总 RNA，一般是 10～500ng，如果是 cDNA，通常情况下是 1μL 或者 1μL 的 10 倍稀释液，要根据目的基因的表达丰度进行调整。当然这些都是经验值，在操作过程中，还需要根据所用 Mix、模板和引物的不同进行优化，达到一个最佳反应体系。在反应体系配制过程中，有下面几点需要注意。

①Mix 不要反复冻融，如果经常使用，最好溶解后放在 4℃。

②每管或每孔都要换新枪头，不要连续用同一个枪头加样。

③所有成分加完后，离心去除气泡。

④每个样品至少设置 3 个平行孔。

思考题

1. PCR 出现非特异性带，可能有哪些原因？
2. 降落 PCR 为何可以增加 PCR 反应的特异性？
3. 在实时荧光定量 PCR 中，SYBR Green 法和 TaqMan 探针法的区别是什么？
4. 实时荧光定量 PCR 在引物设计方面与常规 PCR 有什么区别？

第五章　DNA　酶　切

限制性内切酶是识别 DNA 的特异序列，并在识别位点或其周围切割双链 DNA 的一类内切酶。它可分为三类：Ⅰ类酶和Ⅲ类酶兼有切割和修饰（甲基化）作用且依赖于 ATP 的存在。Ⅰ类酶结合于识别位点并随机地切割识别位点不远处的 DNA，而Ⅲ类酶在识别位点上切割 DNA 分子，然后从底物上解离。Ⅱ类酶由两种酶组成：一种为限制性内切核酸酶，它切割某一特异的核苷酸序列；另一种为独立的甲基化酶，它修饰同一识别序列。Ⅱ类酶中的限制性内切酶在分子克隆中得到了广泛应用，它们是重组 DNA 的基础。绝大多数Ⅱ类限制酶识别长度为 4 ~ 6 个核苷酸的回文对称特异核苷酸序列（如 *Eco*RⅠ识别 6 个核苷酸的序列：5′ - G↓AATTC - 3′），有少数酶识别更长的序列或简并序列。Ⅱ类酶切割位点在识别序列中，有的在对称轴处切割，产生平末端的 DNA 片段（如 *Sma*Ⅰ：5′ - CCC↓GGG - 3′）；有的切割位点在对称轴一侧，产生带有单链突出末端的 DNA 片段，称黏性末端，如 *Eco*RⅠ切割识别序列后产生两个互补的黏性末端。

5′ - G↓AATTC - 3′→5′ - G　AATTC - 3′
3′ - CTTAA↑G　- 5′ →3′ - CTTAA　G - 5′

DNA 纯度、缓冲液、温度条件及限制性内切酶本身都会影响限制性内切酶的活性。大部分限制性内切酶不受 RNA 或单链 DNA 的影响。当微量的污染物进入限制性内切酶贮存液中时，会影响其进一步使用，因此在吸取限制性内切酶时，每次都要用新的枪头。如果采用两种限制性内切酶，必须要注意分别提供各自的最适盐浓度。若两者可用同一缓冲液，则可同时水解。若需要不同的盐浓度，则低盐浓度的限制性内切酶必须首先使用，随后调节盐浓度，再用高盐浓度的限制性内切酶水解。也可在第一个酶切反应完成后，用等体积酚:氯仿抽提，加 0.1 倍体积 3mol/L NaAc 和 2 倍体积无水乙醇，混匀后置 - 70℃低温冰箱 30min，离心、干燥并重新溶于缓冲液后，进行第二个酶切反应。

DNA 限制性内切酶酶切图谱又称 DNA 的物理图谱，它由一系列位置确定的多种限制性内切酶酶切位点组成，以直线或环状图式表示。在 DNA 序列分析、基因组的功能图谱绘制、DNA 的无性繁殖、基因文库的构建等工作中，建立限制性内切酶图谱都是不可缺少的环节。近年来发展起来的 RFLP（限制性片段长度多态性）技术更是建立在它的基础上。

构建 DNA 限制性内切酶图谱有许多方法。通常结合使用多种限制性内切酶，通过综合分析多种酶单切及不同组合的多种酶同时切所得到的限制性片段大小来确定各种酶的酶切位点及其相对位置。酶切图谱的使用价值依赖于它的准确性和精确程度。

在酶切图谱制作过程中，为了获得条带清晰的电泳图谱，一般 DNA 用量约为 0.5 ~

1μg。限制性内切酶的酶解反应最适条件各不相同，各种酶有其相应的酶切缓冲液和最适反应温度（大多数为37℃）。对质粒 DNA 酶切反应而言，限制性内切酶用量可按标准体系 1μg DNA 加 1U 酶，消化 1 ~ 2h。但要完全酶解则必须增加酶的用量，一般增加 2 ~ 3 倍，甚至更多，反应时间也要适当延长。

一、实验材料

（1）限制性内切酶　*Bam*H Ⅰ和 *Xho* Ⅰ（购自 TaKaRa 公司），-20℃保存。*Bam*H Ⅰ和 *Xho* Ⅰ均可用 H 缓冲液，为 10 倍浓缩液。

（2）PCR 产物，质粒 DNA。

（3）灭菌水，限制性内切酶，上样缓冲液，琼脂糖，溴化乙锭。

二、实验仪器

电泳仪，电泳槽，上样梳，微量移液器，微波炉，离心机，恒温水浴锅，三角烧瓶，冰盒，EP 管，一次性手套等。

三、操作步骤

1. 单酶切

限制性内切酶反应一般在灭菌的 0.2mL/0.5mL 的 EP 管中进行。

（1）配制反应体系　20μL 反应体系如下：

DNA	0.2 ~ 1μg
10 × 酶切缓冲液	2.0μL
限制性内切酶	1 ~ 2U
ddH_2O（灭菌去离子水）	至 20μL

配制过程中需注意以下问题。

①酶的保存　限制性内切酶在合适的缓冲液中置于 -20℃保存。

酶贮存液［参照宝生物工程（大连）有限公司说明书］：10mmol/L Tris - HCl（pH 7.5），100mmol/L KCl，0.1mmol/L EDTA，1mmol/L DTT，0.01% BSA，0.15% Trition X - 100，50% 甘油。

②酶活性单位（U）定义　《分子克隆实验指南》通常将 1U 酶定义为：在建议使用的缓冲液及温度下，在 20μL 反应体系中反应 1h，使 1μg DNA 完全消化所需的酶量。宝生物工程（大连）有限公司说明书将 1 个活性单位（U）定义为，在 50μL 反应体系中，37℃下反应 1h，将 1μg 的 λDNA 完全分解的酶量。

③酶切缓冲液组成　酶切缓冲液经常由生产酶的厂家同时提供，建议遵循与酶一起提供的说明书进行操作。

（2）限制性内切酶最后加入，轻轻混匀，稍加离心。

（3）放置于最适温度水浴温育一定时间，一般为 37℃水浴反应 1 ~ 4h。

（4）（可选）加入终浓度为 10mmol/L 的 0.5mmol/L 的 EDTA（pH 8.0），或将反应

管在 65℃ 水浴放置 10min 以终止反应。

（5）取适量质粒酶切产物，加 2μL 的 10×上样缓冲液混匀，以未酶切质粒或/和酶切的空载体作对照，电泳检测。有时需要纯化回收，可用酚∶氯仿各抽提一次，再用乙醇沉淀 DNA。

2. 双酶切

酶切反应一般在灭菌的 0.2mL/0.5mL 的 EP 管中进行。

（1）配制反应体系　20μL 反应体系如下：

PCR 产物	0.2～1μg
10×酶切缓冲液	2.0μL
*Bam*H Ⅰ	0.5～1U
Xho Ⅰ	0.5～1U
ddH_2O	至 20μL

（2）步骤同 1 中单一限制性内切酶酶切（2）～（5）。

（3）操作注意事项：

①通用缓冲液的选择（图 5－1）。

②有些内切酶所要求的缓冲液比较特殊，需要进行分步酶切，即按顺序用不同的内切酶酶切。

③按照先低盐（缓冲液）和低温（反应温度）、后高盐和高温的原则进行；如果盐浓度和温度有冲突，应该先进行低盐的反应。

3. 大体积酶切反应

在一些实验中，要求得到大量纯化的经酶切处理的片段时，可以按比例加大反应体系，比如 50～200μL。

四、技 术 要 点

（1）浓缩的限制性内切酶可在使用前以 1×限制酶缓冲液稀释，切勿用水稀释，以免酶变性。

（2）限制性内切酶多保存于 50% 甘油中，于－20℃ 是稳定的。进行酶切消化时，将除酶以外的所有反应成分加入后即混匀，再从－20℃ 冰箱中取出酶，立即放置于冰上。每次取酶时都应更换一个无菌吸头，以免酶被污染。加酶的操作尽可能快，用完后立即将酶放回－20℃ 冰箱。

（3）尽量减少反应体积，但要确保酶体积不超过反应总体积的 10%，否则酶活性将受到甘油的抑制。商品化的内切酶浓度一般在 10U/μL，0.5μL 酶量足以完成反应。

（4）通常延长时间可使所需的酶量减少，在切割大量 DNA 时可用。在消化过程中可取少量反应液进行微量凝胶电泳以检测消化进程。

（5）在反应条件不适时，某些内切酶会出现星号活性，即其切割特异性发生改变。必须对此加以注意，避免星号活性出现。

酶	*Acc* Ⅰ	*Bam*H Ⅰ	*Bgl* Ⅱ	*Cla* Ⅰ	*Eco*R Ⅰ	*Eco*R Ⅴ	*Hinc* Ⅱ	*Hind* Ⅲ	*Kpn* Ⅰ	*Nco* Ⅰ	*Nde* Ⅰ
Acc Ⅰ	1×M	0.5×K	1×T	1×M	1×M	0.5×K	1×M	1×M	1×M	1×M+BSA	1×T
*Bam*H Ⅰ	0.5×K	1×K	1×K	1×K	1×K	1×K	0.5×K	1×K	0.5×K	1×K+BSA	1×K
Bgt Ⅱ	1×T	1×K	1×H	1×H	1×H	1×H	2×K	1×K	1×T	1×K+BSA	1×H
Cla Ⅰ	1×M	1×K	1×H	1×M	1×H	1×H	1×M	1×M	1×M	1×K+BSA	1×H
*Eco*R Ⅰ	1×M	1×K	1×H	1×H	1×H	1×H	1×M	1×M	1×M	1×K+BSA	1×H
*Eco*R Ⅴ	0.5×K	1×K	1×H	1×H	1×H	1×H	2×T	1×K	0.5×K	1×K+BSA	1×H
Hinc Ⅱ	1×M	0.5×K	2×K	1×M	1×M	2×T	1×M	1×M	1×M	1×M+BSA	1×T
Hind Ⅲ	1×M	1×K	1×K	1×M	1×M	1×K	1×M	1×M	1×M	1×K+BSA	1×K
Kpn Ⅰ	1×M	0.5×K	1×T	1×M	1×M	0.5×K	1×M	1×M	1×L	0.5×K+BSA	1×T
Nco Ⅰ	1×M+BSA	1×K+BSA	1×K+BSA	1×K+BSA	1×K+BSA	1×K+BSA	1×M+BSA	1×K+BSA	0.5×K+BSA	1×K+BSA	1×K+BSA
Nde Ⅰ	1×T	1×K	1×H	1×H	1×H	1×H	1×T	1×K	1×T	1×K+BSA	1×H
Not Ⅰ	0.5×K+BSA	0.5×K+BSA	1×H+BSA	1×H+BSA	1×H+BSA	1×H+BSA	0.5×K+BSA	0.5×K+BSA	0.5×K+BSA	0.5×K+BSA	1×K+BSA
Pst Ⅰ	1×M	1×K	1×H	1×H	1×H	1×H	1×M	1×M	1×M	1×K+BSA	1×H
Pvu Ⅰ	0.5×K	1×K	1×K	1×K	1×K	1×K	0.5×K	1×K	0.5×K	1×K+BSA	1×K
Sac Ⅰ	1×M	0.5×K	0.5×K	1×M	1×M	0.5×K	1×M	1×M	1×L	0.5×K+BSA	1×T
Sal Ⅰ	1.5×T	1.5×T	1×H	1×H	1×H	1×H	1.5×K	1.5×K	1.5×T+BSA	1.5×T+BSA	1×H
Sma Ⅰ	1×T+BSA	0.5×T+BSA	1×T+BSA	1×T+BSA	1×T+BSA	0.5×K+BSA	1×T+BSA	1×T+BSA	1×T+BSA	1×T+BSA	1×T+BSA
Spe Ⅰ	1×M	1×K	1×H	1×M	1×H	1×H	1×M	1×M	1×M	1×K+BSA	1×H
Sph Ⅰ	0.5×K	1×K	1×H	1×H	1×H	1×H	2×T	1×K	0.5×K	1×K+BSA	1×H
Xba Ⅰ	1×M	0.5×K	2×T	1×M	1×M	2×T	1×M	1×M	1×M	1×M+BSA	1×T
Xho Ⅰ	1×M	1×K	1×H	1×H	1×H	1×H	1×M	1×M	1×M	1×K	1×H

图 5-1　双酶切通用缓冲液的选择

酶	*Not* Ⅰ	*Pst* Ⅰ	*Pvu* Ⅰ	*Sac* Ⅰ	*Sal* Ⅰ	*Sma* Ⅰ	*Spe* Ⅰ	*Sph* Ⅰ	*Xba* Ⅰ	*Xho* Ⅰ
Acc Ⅰ	0.5×K+BSA	1×M	0.5×K	1×M	1.5×T	1×T+BSA	1×M	0.5×K	1×M	1×M
*Bam*H Ⅰ	0.5×K+BSA	1×K	1×K	0.5×K	1.5×T	0.5×T+BSA	1×K	1×K	0.5×K	1×K
Bgl Ⅱ	1×H+BSA	1×H	1×K	0.5×K	1×H	1×T+BSA	1×H	1×H	2×T	1×H
Cla Ⅰ	1×H+BSA	1×H	1×K	1×M	1×H	1×T+BSA	1×M	1×H	1×M	1×H
*Eco*R Ⅰ	1×H+BSA	1×H	1×K	1×M	1×H	1×T+BSA	1×H	1×H	1×M	1×H
*Eco*R Ⅴ	1×H+BSA	1×H	1×K	0.5×K	1×H	0.5×K+BSA	1×H	1×H	2×T	1×H
Hinc Ⅱ	0.5×K+BSA	1×M	0.5×K	1×M	1.5×K	1×T+BSA	1×M	2×T	1×M	1×M
Hind Ⅲ	0.5×K+BSA	1×M	1×K	1×M	1.5×K	1×T+BSA	1×M	1×K	1×M	1×M
Kpn Ⅰ	0.5×K+BSA	1×M	0.5×K	1×L	1.5×T+BSA	1×T+BSA	1×M	0.5×K	1×M	1×M
Nco Ⅰ	0.5×K+BSA	1×K+BSA	1×K+BSA	0.5×K+BSA	1.5×T+BSA	1×T+BSA	1×K+BSA	1×K+BSA	1×M+BSA	1×K+BSA
Nde Ⅰ	1×H+BSA	1×H	1×K	1×T	1×H	1×T+BSA	1×H	1×H	1×T	1×H
Not Ⅰ	1×H+BSA+ Tnton X－100	1×H+BSA	2×K+BSA	0.5×K+BSA	1×H+BSA	0.5×T+BSA	1×H+BSA	1×H+BSA	0.5×K+BSA	1×H+BSA
Psl Ⅰ	1×H+BSA	1×H	1×K	1×M	1×H	0.5×T+BSA	1×H	1×H	1×M	1×H
Pvu Ⅰ	2×K+BSA	1×K	1×K+BSA	0.5×K	1.5×K+BSA	1×K+BSA	1×K	1×K	0.5×K	1×K
Sac Ⅰ	0.5×K+BSA	1×M	0.5×K	1×L	1.5×T+BSA	1×T+BSA	1×M	0.5×K	1×M	1×M
Sal Ⅰ	1×H+BSA	1×H	1.5×K+BSA	1.5×T+BSA	1×H	1.5×T+BSA	1×H	1×H	1.5×T	1×M
Sma Ⅰ	0.5×T+BSA	0.5×T+BSA	1×K+BSA	1×T+BSA	1.5×T+BSA	1×T+BSA	1×T+BSA	0.5×T+BSA	1×T+BSA	1×T+BSA
Spe Ⅰ	1×H+BSA	1×H	1×K	1×M	1×H	1×T+BSA	1×M	1×H	1×M	1×H
Sph Ⅰ	1×H+BSA	1×H	1×K	0.5×K	1×H	0.5×T+BSA	1×H	1×H	2×T	1×H
Xba Ⅰ	0.5×K+BSA	1×M	0.5×K	1×M	1.5×T	1×T+BSA	1×M	2×T	1×M+BSA	1×M
Xho Ⅰ	1×H	1×H	1×K	1×M	1×H	1×T	1×H	1×H	1×M	1×H

图 5－1　双酶切通用缓冲液的选择(续)

（6）DNA 制品中的污染（如蛋白质、酚、氯仿、乙醇、EDTA、SDS、高盐浓度）均能抑制内切酶活力；消化超螺旋 DNA 较线状 DNA 需要酶量大。

思考题

1. 为什么Ⅱ类限制性内切酶是基因工程中常用的限制性内切酶?
2. 为什么要先做低温或低盐的酶消化，再做高温或高盐的酶消化?
3. 在 DNA 重组操作中，限制性内切酶的主要用途是什么?

第六章　重组质粒的连接

质粒具有稳定可靠和操作简便的优点。如果要克隆较小的DNA片段（<10kb），质粒要比其他任何载体都好。在质粒载体上进行克隆，从原理上说是很简单的，先用限制性内切酶切割质粒DNA和目的DNA片段，然后体外使两者相连接，再用所得到的重组质粒转化细菌，即可完成。但在实际工作中，如何区分插入有外源DNA的重组质粒和无插入而自身环化的载体分子是较为困难的。通过调整连接反应中外源DNA片段和载体DNA的浓度比例，可以将载体的自身环化限制在一定程度之下，也可以进一步采取一些特殊的克隆策略，如载体去磷酸化等，来最大限度地降低载体的自身环化，还可以利用遗传学手段如α互补现象等来鉴别重组子和非重组子。

外源DNA片段和质粒载体的连接反应策略有以下几种。

1. 带有非互补突出端的片段

用两种不同的限制性内切酶进行消化可以产生非互补的黏性末端，这也是最容易克隆的DNA片段。一般情况下，常用质粒载体均带有多个不同限制酶的识别序列组成的多克隆位点，因而几乎总能找到具有与外源DNA片段末端匹配的限制酶切位点的载体，从而将外源片段定向地克隆到载体上。也可在PCR扩增时，在DNA片段两端人为加上不同酶切位点以便与载体相连。

2. 带有相同黏性末端的片段

用相同的酶或同尾酶处理可得到这样的末端。由于质粒载体也必须用同一种酶消化，亦得到两个相同黏性末端，因此在连接反应中外源片段和质粒载体DNA均可能发生自身环化或几个分子串联形成寡聚物，而且正反两种连接方向都可能有。所以，必须仔细调整连接反应中两种DNA的浓度，以便使正确的连接产物的数量达到最高水平。还可将载体DNA的5′磷酸基团用碱性磷酸酯酶去掉，最大限度地抑制质粒DNA的自身环化。带5′端磷酸的外源DNA片段可以有效地与去磷酸化的载体相连，产生一个带有两个缺口的开环分子，在转入*E. coli*受体菌后的扩增过程中缺口可自动修复。

3. 带有平末端的片段

由产生平末端的限制酶或核酸外切酶消化产生，或由DNA聚合酶补平所致。由于平端的连接效率比黏性末端要低得多，故在其连接反应中，T_4 DNA连接酶的浓度和外源DNA及载体DNA浓度均要高得多。通常还需加入低浓度的聚乙二醇（PEG8000）以促进DNA分子凝聚成聚集体类物质，从而提高转化效率。特殊情况下，外源DNA分子的末端与所用的载体末端无法相互匹配，则可以在线状质粒载体末端或外源DNA片段末端接上合适的接头（linker）或衔接头（adapter）使其匹配，也可以有控制地使用*E. coli* DNA聚合酶Ⅰ的Klenow大片段部分填平3′凹端，使不相匹配的末端转变为互补末端或转为平末端后再进行连接。

一、实验材料

(1) 质粒 DNA　酶切处理的质粒 DNA 片段，酶切处理的目的 DNA 片段。

(2) T_4 DNA 连接酶　5U/μL，－20℃保存。

(3) 10×连接酶缓冲液　300mmol/L Tris－HCl (pH 7.8)，100mmol/L $MgCl_2$，100mmol/L DTT，5mmol/L ATP，－20℃分装冻存。

二、实验仪器

恒温水浴，温控摇床，台式离心机，生化培养箱等。

三、操作步骤

(1) 准备经过酶切处理的外源 DNA 片段和质粒载体。

(2) 配制连接反应体系 (10μL)

连接酶缓冲液	1μL
连接酶	1μL
外源 DNA 片段	3μL
载体 DNA 片段	1μL
灭菌去离子水	4μL

(3) 16℃反应 12～16h，也可根据不同公司提供的说明书操作。

(4) 设置对照组　a. 载体自身环化的对照，反应体系的配制同实验组，只是不加入外源片段；b. 不加任何 DNA，只有感受态细胞的对照。

(5) 经过以上的几步实验即构建成功了重组质粒，可以用于转化实验。

四、技术要点

(1) 载体和外源 DNA 分子的摩尔比很重要，只有合适比例才能得到理想的连接效果；在实验中经常选择 1:1～1:6，可以根据实际情况优化。

(2) 不同公司的连接酶要求的反应条件可能不同，请根据提供的相应说明书进行操作。

思考题

1. 比较黏端连接和平端连接的异同点，各自的优势是什么？

2. 如何有效避免载体和外源片段的自连？

第七章　大肠杆菌感受态细胞的制备和转化

在自然条件下，很多质粒都可通过细菌接合作用转移到新的宿主内。但在人工构建的质粒载体中，一般缺乏此种转移所必需的*mob*基因，因此不能自行完成从一个细胞到另一个细胞的接合转移。如需将质粒载体转移进受体细菌，需诱导受体细菌产生一种短暂的感受态以摄取外源DNA。转化（transformation）是将外源DNA分子引入受体细胞，使之获得新的遗传性状的一种手段，它是微生物遗传、分子遗传、基因工程等研究领域的基本实验技术。

转化过程所用的受体细胞一般是限制修饰系统缺陷的变异株，即不含限制性内切酶和甲基化酶的突变体（R^-，M^-），它可以容忍外源DNA分子进入体内并稳定地遗传给后代。受体细胞经过一些特殊方法［如电击法，$CaCl_2$、RbCl（KCl）等化学试剂法］的处理后，细胞膜的通透性发生了暂时性的改变，成为能允许外源DNA分子进入的感受态细胞（competent cell）。进入受体细胞的DNA分子通过复制表达，实现遗传信息的转移，使受体细胞出现新的遗传性状。将经过转化后的细胞在筛选培养基中培养，即可筛选出转化子（transformant，即带有异源DNA分子的受体细胞）。目前常用的感受态细胞制备方法有$CaCl_2$法和RbCl（KCl）法。RbCl（KCl）法制备的感受态细胞转化效率较高；但$CaCl_2$法简便易行，且其转化效率完全可以满足一般实验的要求，制备出的感受态细胞暂时不用时，可加入15%的无菌甘油于-70℃保存（半年），因此$CaCl_2$法使用更广泛。

为了提高转化效率，实验中要考虑以下几个重要因素。

1. 细胞生长状态和密度

不要用经过多次转接或储于4℃的培养菌，最好从-70℃或-20℃甘油保存的菌种中直接转接用于制备感受态细胞的菌液。细胞生长密度以刚进入对数生长期时为好，可通过监测培养液的OD_{600}来控制。DH5α菌株的OD_{600}为0.5时，细胞密度在5×10^7个/mL左右（不同的菌株情况有所不同），此时用于制备感受态细胞比较合适。密度过高或不足均会影响转化效率。

2. 质粒的质量和浓度

用于转化的质粒DNA应主要是超螺旋态DNA（cccDNA）。转化效率与外源DNA的浓度在一定范围内成正比，但当加入的外源DNA的量过多或体积过大时，转化效率就会降低。1ng的cccDNA即可使50μL的感受态细胞达到饱和。一般情况下，DNA溶液的体积不应超过感受态细胞体积的5%。

3. 防止杂菌和杂DNA的污染

整个操作过程均应在无菌条件下进行，使用新的离心管、枪头等，并经高压灭菌处理，所有的器皿和试剂都要灭菌，且注意防止被其他试剂、DNA酶或杂DNA所污染，否则会影响转化效率或造成杂DNA的转入，为以后的筛选、鉴定带来不必要的麻烦。

一、$CaCl_2$法制备感受态细胞及转化

1. 实验材料

E. coli DH5α 菌株：R^-，M^-，Amp^-；pBS 质粒 DNA：购买或实验室自制。

2. 实验设备

恒温摇床，电热恒温培养箱，台式高速离心机，无菌工作台，低温冰箱，恒温水浴锅，制冰机，分光光度计，微量移液枪。

3. 实验试剂

（1）LB 固体和液体培养基　1% 胰蛋白胨，0.5% 酵母粉，1% NaCl。固体培养基添加2% 琼脂粉。

（2）Amp 母液　100mg/mL。

（3）含 Amp 的 LB 固体培养基　将配好的 LB 固体培养基高压灭菌后冷却至60℃左右，加入 Amp 储存液，使终浓度为50μg/mL，摇匀后铺板。

（4）0.1mol/L $CaCl_2$溶液　称取1.11g $CaCl_2$，溶于50mL 重蒸水中，定容至100mL，高压灭菌。

（5）50% 甘油。

4. 操作步骤

（1）受体菌的培养　从 LB 平板上挑取新活化的 *E. coli* DH5α 单菌落，接种于 3～5mL LB 液体培养基中，37℃下振荡培养 12h 左右，直至对数生长后期。将该菌悬液以 1:（50～100）的比例接种于100mL LB 液体培养基中，37℃振荡培养 2～3h，至 OD_{600} 为0.4～0.6。

（2）感受态细胞的制备（$CaCl_2$法）

①以接种环从 -70℃保存的高效转化菌种中蘸取少量菌液划无抗生素 LB 平板，37℃培养 12h。

②挑取单菌落接种于5 mL 无抗生素 LB 液体培养基中，37℃振荡培养过夜。

③按照1:100 接种菌液至100mL LB 培养基中，37℃剧烈振荡培养 2～3h，至 OD_{600} 达0.4～0.6。

④将菌液冰浴 10min，转移至预冷的50mL 离心管中，4℃ 4000r/min 离心 10min。

⑤弃上清，将细菌沉淀重新悬浮于 20mL 预冷的 0.1mol/L $CaCl_2$中，冰浴 20min，4℃ 4000r/min 离心 10min。

⑥弃上清，以5 mL（菌液体积的5%）预冷的0.1mol/L $CaCl_2$溶液重悬细菌沉淀，同时加入等体积预冷的50% 甘油水溶液，混匀后按每支100μL 在冰上分装，-70℃保存。

⑦感受态细胞的检测：取感受态细胞分别涂布含有氨苄青霉素和卡那霉素抗性的 LB 平板，37℃培养 12～16h，观察感受态细胞是否有污染。

⑧取1μg 超螺旋质粒转化制备的感受态，检测转化效率（一般情况下，没有必要精确计算，可根据经验估计）。

（3）转化

①从 -70℃ 冰箱中取 200μL 感受态细胞悬液，室温下使其解冻，解冻后立即置

冰上。

②加入 pBS 质粒 DNA 溶液（含量不超过 50ng，体积不超过 10μL），轻轻摇匀，冰上放置 30min。

③42℃水浴中热击 90s，热击后迅速置于冰上冷却 2min。

④向管中加入 1mL LB 液体培养基（不含 Amp），混匀后 37℃振荡培养 1h，使细菌恢复正常生长状态，并表达质粒编码的抗生素抗性基因（Amp^r）。

⑤将上述菌液摇匀后取 100μL 涂布于含 Amp 的筛选平板上，正面向上放置 30min，待菌液完全被培养基吸收后倒置培养皿，37℃培养 16～24h。

⑥同时做两个对照。

对照组 1：以同体积的无菌双蒸水代替 DNA 溶液，其他操作与上面相同。此组正常情况下在含抗生素的 LB 平板上应没有菌落出现。

对照组 2：以同体积的无菌双蒸水代替 DNA 溶液，但涂板时只取 5μL 菌液涂布于不含抗生素的 LB 平板上。此组正常情况下应产生大量菌落。

（4）计算转化率

统计每个培养皿中的菌落数。

转化后在含抗生素的平板上长出的菌落即为转化子。根据此皿中的菌落数可计算出转化子总数和转化频率，公式如下：

转化子总数 = 菌落数 × 稀释倍数 × 转化反应原液总体积/涂板菌液体积

转化频率（转化子数/每毫克质粒 DNA） = 转化子总数/质粒 DNA 加入量（mg）

感受态细胞总数 = 对照组 2 菌落数 × 稀释倍数 × 菌液总体积/涂板菌液体积

感受态细胞转化效率 = 转化子总数/感受态细胞总数

5. 注意事项

（1）原始菌种要保证质量。

（2）无菌操作，防止其他杂菌污染。

（3）细菌活化之后，生长密度最好保证 OD_{600} 为 0.4～0.6。

（4）冰上分装感受态细胞，感受态细胞分装保存时不宜体积太大。

（5）在 -70℃保存感受态细胞，至少半年仍然可有较好的转化效率，但也不宜过久。

（6）本实验方法也适用于其他 *E. coli* 受体菌株的不同质粒 DNA 的转化，但它们的转化效率并不一定一样。有的转化效率高，需将转化液进行多梯度稀释涂板才能得到单菌落平板；而有的转化效率低，涂板时必须将菌液浓缩（如离心），才能较准确地计算转化率。

二、大肠杆菌超级感受态细胞的制备

1. 操作步骤

（1）用枪头或接种环挑取单克隆菌落，接种于 5mL LB 液体培养基中，37℃ 180r/min 培养过夜（14～16h）。

（2）取 2mL 过夜培养的菌液，接入到 100mL SOB 液体培养基中，25℃ 180r/min 振荡培养至 OD_{600} 为 0.4～0.8。

（3）将菌液在冰上预冷 30min。同时预冷离心机至 4℃。

（4）随后将菌液分装到 50mL 预冷的离心管中，4℃ 2000r/min 离心 10min。

（5）弃上清，加入 20mL 转化缓冲液（TB）（表 7－1），在冰中滑动，使沉淀重悬。

（6）4℃ 2000r/min 离心 10min。

（7）弃上清，加入 20mL 转化缓冲液（TB），在冰中滑动，使沉淀重悬。

（8）用 8.37mL TB 溶解沉淀。

（9）取 630μL DMSO 逐滴加入重悬的菌液中，边滴加边在冰中晃动离心管。

（10）取 40 个 1.5mL 离心管，插到泡沫上，把泡沫置于液氮上，然后将感受态细胞加入离心管中，每管 150μL。

（11）液氮冻实，转入超低温冰箱中冻存（－70℃保存 10 个月）。

表 7－1　　转化缓冲液（TB）溶液成分

试剂	每升所加量	终浓度
$MnCl_2 \cdot 4H_2O$	10.88g	55mmol/L
$CaCl_2 \cdot 2H_2O$	2.20g	15mmol/L
KCl	18.65g	250mmol/L
PIPES（0.5mol/L，pH 6.7）	20mL	10mmol/L
H_2O	至 1L	

2. 注意事项

（1）所用器具需洁净。

（2）培养基的装量是很重要的，这关系到菌体生长过程中的能量代谢问题，是有氧生长还是无氧生长。厌氧生长出来的菌体是做不出效率高的感受态的。建议装量不要高于此值：培养基体积/三角瓶容量＝100mL/500mL 或 50mL/250mL。

（3）培养基的 pH。这里讲的 pH 并非单指配制或灭菌后的 pH，还包括整个摇瓶结束后的 pH。一般来说，接种前的 pH 在 6.8～7.2；等菌摇好后，pH 不要低于 6.0，最好在 6.5 以上。这表示菌体的代谢为有氧代谢，生长状态良好。

（4）培养后的 OD 值是一个非常重要的参数，当 OD 值大到一定的程度后，菌体要保持对数生长已经不太可能，因此很多指导方法上强调 OD 不得大于 0.6、0.8 等。同时，OD 值大时菌体总量大，感受态绝对数量要大一点。因此需要在 OD 值的两方面影响中找一个平衡点。

（5）在保存感受态时，DMSO 比甘油的效果要好，它会使感受态的效率增加。

（6）液氮速冻也会使感受态的效率提高，因此推荐用液氮速冻感受态，然后保存于超低温冰箱内。

三、电转化感受态细胞的制备及转化

1. 感受态细胞的制备

（1）用枪头或接种环挑取单克隆菌落，接种入 5mL LB 液体培养基的培养管中，37℃ 180r/min 培养过夜（14～16h）。

（2）取2~5mL过夜培养液，接入500mL LB液体培养基中，控制起始OD_{600}至0.03~0.05。37℃ 180r/min振荡培养2~4h，每30min测一次OD，当OD值达到0.4时，停止培养。

（3）将菌液在冰上预冷30min。同时预冷离心机至4℃。

（4）随后将菌液分装到250mL预冷的离心瓶中，4℃ 4000r/min离心15min。

（5）弃上清，先用少量（如20~50mL）灭菌的冰水重悬沉淀的细胞团，然后加水稀释至离心瓶的2/3体积，充分悬起细胞。4℃ 4000r/min离心15min。

（6）弃上清，加少量灭菌水，重悬菌体，再加水至所有细胞悬浮于约250mL冰水中。4℃ 4000r/min离心15min。

（7）弃上清，往离心管中加入少量10%灭菌的预冷甘油，重悬菌体，再加10%甘油至终体积约为20mL。4℃ 4000r/min离心10min。

（8）小心弃去上清，加入2mL 10%灭菌的预冷甘油重悬细胞。

（9）将悬浮菌液以200μL/管分装于1.5mL的离心管中，在液氮中快速冷冻后，于-70℃冰箱中保存。

2. 电转化

（1）从-80℃冰箱中取出感受态细胞，置于冰上解冻。

（2）将无菌的电击杯置于冰上预冷。

（3）将解冻的感受态细胞按照40~100μL/管转移至预冷的1.5mL离心管中，小心混匀，冰上放置。

（4）取1~2μL纯化的质粒或克隆连接产物于1.5mL的离心管中，冰上放置10min。

（5）打开电转仪（Bio-Rad基因脉冲系统），调至手动，调节参数设置为25μF，200Ω，电压为2.0kV（这些参数设置可以根据经验略作调整）。

（6）将此混合物转移至已预冷的电击杯中，轻轻敲击电击杯使混合物均匀进入电击杯的底部。用吸水纸吸干电击杯外壁的冰水。

（7）将电击杯推入电转化仪，按一下“脉冲”键，听到蜂鸣声后，向电击杯中迅速加入1mL的SOC液体培养基，重悬细胞后，转移到1.5mL的离心管中。

（8）37℃ 220~250r/min复苏1h。

（9）离心，涂板，置于37℃，过夜培养，次日查看转化结果。

3. 电击杯的清洗和保存

（1）用清水将用过的电击杯稍微冲一下，向电击杯中加入75%酒精冲洗。

（2）弃去酒精，再用蒸馏水冲洗2~3遍，然后用1mL的枪吸取超纯水反复吹打电击杯10次以上。

（3）加入无水乙醇1~2mL于电击杯中，浸泡5min。

（4）弃去无水乙醇，将电击杯倒置于吸水纸上让乙醇充分挥发。

（5）将清洗并干燥好的电击杯加上盖子，存放备用。

思考题

1. 制备感受态细胞的原理是什么?

2. 大肠杆菌超级感受态细胞与普通感受态细胞有什么区别?

3. 如果实验中对照组本不该长出菌落的平板上长出了一些菌落，你将如何解释这种现象?

第八章　质粒 DNA 的提取

把一个有用的目的 DNA 片段通过重组 DNA 技术，送进受体细胞中去进行繁殖和表达的工具叫载体（vector）。细菌质粒是重组 DNA 技术中常用的载体。质粒（plasmid）是一种染色体外的稳定遗传因子，大小从 1～200kb 不等，为双链、闭环的 DNA 分子，并以超螺旋状态存在于宿主细胞中。质粒主要发现于细菌、放线菌和真菌细胞中，它具有自主复制和转录能力，能在子代细胞中保持恒定的拷贝数，并表达所携带的遗传信息。质粒的复制和转录要依赖于宿主细胞编码的某些酶和蛋白质，如离开宿主细胞则不能存活，而宿主即使没有它们也可以正常存活。

质粒的存在使宿主具有一些额外的特性，如对抗生素的抗性等。F 质粒（又称 F 因子或性质粒）、R 质粒（耐药性因子）和 Col 质粒（产大肠杆菌素因子）等都是常见的天然质粒。

质粒在细胞内的复制一般有两种类型：紧密控制型（stringent control）和松弛控制型（relaxed control）。前者只在细胞周期的一定阶段进行复制，当染色体不复制时，它也不能复制，通常每个细胞内只含有 1 个或几个质粒分子，如 F 因子；后者的质粒在整个细胞周期中随时可以复制，在每个细胞中有许多拷贝，一般在 20 个以上，如 Col E1 质粒。在使用蛋白质合成抑制剂——氯霉素时，细胞内蛋白质合成、染色体 DNA 复制和细胞分裂均受到抑制，紧密型质粒复制停止，而松弛型质粒继续复制，质粒拷贝数可由原来 20 多个扩增至 1000～3000 个，此时质粒 DNA 占总 DNA 的含量可由原来的 2% 增加至 40%～50%。

利用同一复制系统的不同质粒不能在同一宿主细胞中共同存在，当两种质粒同时导入同一细胞时，它们在复制及随后分配到子细胞的过程中彼此竞争，在一些细胞中，一种质粒占优势，而在另一些细胞中另一种质粒却占上风。当细胞生长几代后，占少数的质粒将会丢失，因而在细胞后代中只有两种质粒的一种，这种现象称质粒的不相容性（incompatibility）。但利用不同复制系统的质粒则可以稳定地共存于同一宿主细胞中。

质粒通常含有编码某些酶的基因，其表型包括对抗生素的抗性，产生某些抗生素，降解复杂有机物，产生大肠杆菌素和肠毒素及某些限制性内切酶与修饰酶等。

质粒载体是在天然质粒的基础上为适应实验室操作而进行人工构建的。与天然质粒相比，质粒载体通常带有一个或一个以上的选择性标记基因（如抗生素抗性基因）和一个人工合成的含有多个限制性内切酶识别位点的多克隆位点序列，并去掉了大部分非必需序列，使分子量尽可能减少，以便于基因工程操作。大多质粒载体带有一些多用途的辅助序列，这些用途包括通过组织化学方法肉眼鉴定重组克隆、产生用于序列测定的单链 DNA、体外转录外源 DNA 序列、鉴定片段的插入方向、外源基因的大量表达等。一个理想的克隆载体大致应有下列一些特性：①分子量小、多拷贝、松弛控制型；②具有多种常用的限制性内切酶的单切点；③能插入较大的外源 DNA 片段；④具有容易操作的检测表型。常用的质粒载体大小一般在 1 ~ 10kb 之间，如 pBR322、pUC系列、pGEM系列和 pBluescript（pBS）等。

从细菌中分离质粒 DNA 的方法一般包括 3 个基本步骤：培养细菌使质粒扩增；收集和裂解细胞；分离和纯化质粒 DNA。采用溶菌酶可以破坏菌体细胞壁，十二烷基磺酸钠（SDS）和 Triton X－100 可使细胞膜裂解。经溶菌酶和 SDS 或 Triton X－100 处理后，细菌染色体 DNA 会缠绕附着在细胞碎片上，同时由于细菌染色体 DNA 比质粒大得多，易受机械力和核酸酶等的作用而被切断成不同大小的线性片段。当用强热或酸、碱处理时，细菌的线性染色体 DNA 变性，而共价闭合环状 DNA（covalently closed circular DNA，cccDNA）的两条链不会相互分开，当外界条件恢复正常时，线状染色体 DNA 片段难以复性，与变性的蛋白质和细胞碎片缠绕在一起，而质粒 DNA 双链又恢复原状，重新形成天然的超螺旋分子，并以溶解状态存在于液相中。

在细菌细胞内，共价闭环质粒以超螺旋形式存在。在提取质粒的过程中，除了超螺旋 DNA 外，还会产生其他形式的质粒 DNA。如果质粒 DNA 两条链中有一条链发生一处或多处断裂，分子就能旋转而消除链的张力，形成松弛型的环状分子，称开环 DNA（open circular DNA，ocDNA）；如果质粒 DNA 的两条链在同一处断裂，则形成线状 DNA（linear DNA）。当提取的质粒 DNA 电泳时，同一质粒 DNA 其超螺旋形式的泳动速度要比开环和线状分子的泳动速度快。

一、实验材料

（1）大肠杆菌 DH5α（含质粒载体）。

（2）缓冲液 A　50mmol/L 葡萄糖；10mmol/L EDTA；25mmol/L Tris－HCl，pH 8.0。Tris：三羟甲基氨基甲烷。

（3）碱溶液　0.2mol/L NaOH，1% SDS，pH 12.5。

（4）乙酸缓冲液　3mol/L NaAc；2mol/L 乙酸，pH 4.8（盐酸调 pH）。

（5）TE 缓冲液　10mmol/L Tris－HCl，pH 8.0；1mmol/L EDTA。

（6）RNA 酶 A 溶液　10mg/mL RNA 酶 A，用 TE 配制（TE 需 100℃煮 10min，灭活 DNA 酶）。

（7）LB 培养基　10g 胰蛋白胨，5g 酵母粉，5g NaCl，加水至 1000mL，用 1mol/L NaOH 调 pH 至 7.5，高压灭菌。

（8）氨苄青霉素　用去离子水配成 100mg/mL 的储存液，过滤除菌，－20℃分装保存。

（9）LA 培养基　在 LB 培养基中加入终浓度 100μg/mL 的氨苄青霉素。

（10）异丙醇。

（11）酚:氯仿:异戊醇　25:24:1。

（12）70% 乙醇。

二、操作步骤

（1）从转化平皿上挑一克隆接种到 LA 液体培养基中，37℃振荡培养，待细菌浓度

增至 OD_{600} = 1 ~ 1.2 时，收获细菌。菌液转到 1.5mL EP 管中，8000r/min 离心 2min，弃上清。

（2）加 100μL 缓冲液 A，充分混悬细菌。

（3）加 200μL 碱溶液，裂解细菌，反复倒转管 5 次至溶液清亮，开盖后能拉出丝状黏稠液体。

（4）加 150μL 乙酸缓冲液，反复倒转管 5 次，混匀，冰浴 10min。

（5）10000r/min 离心 5min，将上清转移至另一 EP 管中。

（6）加等体积的酚:氯仿:异戊醇（25:24:1）混匀，10000r/min 离心 1min。

（7）吸上层水相至另一 EP 管中，加 0.6 倍体积的异丙醇，混匀，室温或 -20℃ 静置 10min。

（8）10000r/min 离心 10min，弃上清，加入 1mL 70% 乙醇，10000r/min 离心 5min，弃上清，重复加入 1mL 70% 乙醇一次，10000r/min 离心 5min，弃上清，干燥箱中干燥。

（9）干燥后，加入 30μL TE（含 10μg/mL RNA 酶 A），使质粒溶解，-20℃保存备用。

三、技术要点

（1）每一步都要充分混匀。为获得高产量 DNA，第一步需使菌体完全重悬。

（2）加入碱溶液后，反复混匀使细菌充分裂解，但需要轻柔，一旦裂解（液体变清亮）必须马上加乙酸缓冲液中和。

（3）70% 乙醇洗涤时，离心后应小心地将上清倒掉，注意这时 DNA 沉淀较疏松，易从管壁上脱落。

思考题

1. 质粒的基本性质有哪些？
2. 质粒载体与天然质粒相比有哪些改进？
3. 如何鉴定提取质粒 DNA 的质量和含量？

第九章 聚丙烯酰胺凝胶电泳

聚丙烯酰胺凝胶是由丙烯酰胺（Acr）和交联剂 N, N' - 亚甲基双丙烯酰胺（Bis）在催化剂过硫酸铵（AP）、N, N, N', N' - 四甲基乙二胺（TEMED）作用下，聚合交联而成的具有网状立体结构的凝胶，并以此为支持物进行电泳。聚丙烯酰胺凝胶电泳可根据不同蛋白质分子所带电荷的差异及分子大小的不同所产生的不同迁移率将蛋白质分离成若干条区带，如果分离纯化的样品中只含有同一种蛋白质，蛋白质样品电泳后，就应只分离出一条区带。SDS 是一种阴离子表面活性剂，能打断蛋白质的氢键和疏水键，并按一定的比例和蛋白质分子结合成复合物，使蛋白质带负电荷的量远远超过其本身原有的电荷，掩盖了各种蛋白质分子间天然的电荷差异。因此，各种蛋白质 - SDS 复合物在电泳时的迁移率，不再受原有电荷和分子形状的影响，而只是棒长的函数。这种电泳方法称为 SDS - 聚丙烯酰胺凝胶电泳（SDS - PAGE）。由于 SDS - PAGE 可设法将电泳时蛋白质电荷差异这一因素除去或减小到可以略而不计的程度，因此常用来鉴定蛋白质分离样品的纯化程度。如果被鉴定的蛋白质样品很纯，只含有一种具三级结构的蛋白质或含有相同分子量亚基的具四级结构的蛋白质，那么 SDS - PAGE 后，就只出现一条蛋白质区带。

1. 样品的浓缩效应

在不连续电泳系统中，含有上、下槽缓冲液（Tris - Gly，pH 8.3）、浓缩胶缓冲液（Tris - HCl，pH 6.8）、分离胶缓冲液（Tris - HCl，pH 8.8），两种凝胶的浓度（即孔径）也不相同。在这种条件下，缓冲系统中的 HCl 几乎全部解离成 Cl^-，两槽中的 Gly（$pI = 6.0$，$pKa = 9.7$）只有很少部分解离成 Gly 的负离子，而酸性蛋白质也可解离出负离子。这些离子在电泳时都向正极移动。Cl^- 速度最快（先导离子），其次为蛋白质，Gly 负离子最慢（尾随离子）。由于 Cl^- 很快超过蛋白离子，因此在其后面形成一个电导较低、电位梯度较陡的区域，该区电位梯度最高，这是在电泳过程中形成的电位梯度的不连续性，导致蛋白质和 Gly 离子加快移动，结果使蛋白质在进入分离胶之前，快、慢离子之间浓缩成一薄层，有利于提高电泳的分辨率。

2. 分子筛效应

蛋白质离子进入分离胶后，条件有很大变化。由于其 pH 升高（电泳进行时常超过 9.0），使 Gly 解离成负离子的效应增加；同时因凝胶的浓度升高，蛋白质的泳动受到影响，迁移率急剧下降。此两项变化，使 Gly 的移动超过蛋白质，上述的高电压梯度不复存在，蛋白质便在一个较均一的 pH 和电压梯度环境中，按其分子的大小移动。分离胶的孔径有一定的大小，对不同相对分子质量的蛋白质来说，通过时受到的阻滞程度不同，即使净电荷相等的颗粒，也会由于这种分子筛的效应，把不同大小的蛋白质相互分开。

细菌体中含有大量蛋白质，具有不同的电荷和分子质量。强阴离子去污剂 SDS 与某一还原剂并用，通过加热使蛋白质变性，大量的SDS结合蛋白质，使其带相同密度的负电荷，在聚丙烯酰胺凝胶电泳（PAGE）上，不同蛋白质的迁移率仅取决于分子量。采用考马斯亮蓝快速染色，可及时观察电泳分离效果。根据预计表达蛋白的分子量，可筛选阳性表达的重组体。

一、实验材料

（1）30%储备胶溶液　电泳级丙烯酰胺（Acr）29.0g，亚甲基双丙烯酰胺（Bis）1.0g，混匀后加去离子双蒸水，37℃搅拌溶解，定容至100mL，存于棕色瓶室温备用。

（2）1.5mol/L Tris-HCl（pH 8.8）　Tris 18.17g 加 ddH_2O 溶解，浓盐酸调 pH 至 8.8，定容至100mL。

（3）1mol/L Tris-HCl（pH 6.8）　Tris 12.11g 加 ddH_2O 溶解，浓盐酸调 pH 至 6.8，定容至100mL。

（4）10% SDS　电泳级 SDS 10.0g 加 ddH_2O，68℃助溶，浓盐酸调 pH 至 7.2，定容至100mL。

（5）5×Tris-Gly 电泳缓冲液（pH 8.3）　Tris 15.1g，甘氨酸 94g，10%（质量体积分数）SDS 50mL 加 ddH_2O 溶解，定容至1000mL。

（6）10%过硫酸铵（AP）　1g 的 AP 加 ddH_2O 至 10mL。溶液分装保存在4℃，不超过2周。

（7）TEMED（*N*，*N*，*N'*，*N'*-四甲基乙二胺）。

（8）2×SDS 电泳上样缓冲液（10mL）　1mol/L 的 Tris-HCl（pH 6.8）1mL，1mol/L 二硫苏糖醇（DTT）2mL，SDS 0.4g，甘油 2.0mL，0.1% 溴酚蓝 2.0mL，ddH_2O 3mL。

（9）0.25% 考马斯亮蓝 R-250 染色液（1L）　考马斯亮蓝（R-250）2.5 g，甲醇500mL，冰乙酸100mL，ddH_2O 400mL，过滤去除未溶解颗粒。

（10）考马斯亮蓝脱色液　甲醇、冰乙酸、ddH_2O，以5:1:4 配制而成（1L）。

二、实验仪器

电泳仪，蛋白电泳槽，凝胶成像仪，脱色摇床等。

三、操作步骤

采用垂直式电泳槽装置。

（1）聚丙烯酰胺凝胶的配制

①分离胶（10%）的配制：

ddH_2O	4.0mL
30% 储备胶	3.3mL
1.5mol/L Tris-HCl	2.5mL
10% SDS	0.1mL
10% AP	0.1mL

取1mL上述混合液，加TEMED 10μL封顶，其余加TEMED 4μL，混匀后灌入玻璃板间，以水封顶。注意使液面平，凝胶完全聚合需30~60min。

②浓缩胶（4%）的配制

ddH_2O	1.4mL
30% 储备胶	0.33mL
1mol/L Tris-HCl	0.25 mL
10% SDS	0.02 mL
10% AP	0.02 mL
TEMED	2μL

将分离胶上的水倒去，加入上述混合液，立即将梳子插入玻璃板间。完全聚合需15~30min。

（2）将蛋白质样品加入等量的2×SDS电泳上样缓冲液，100℃加热3~5min，12000×*g*离心1min，取上清作SDS-PAGE分析，同时将SDS分子质量蛋白标准品作平行处理。

（3）上样　取10μL处理后的样品加入样品池中，并加入20μL分子质量蛋白标准品作对照。

（4）电泳　在电泳槽中加入1×电泳缓冲液，连接电源，负极在上，正极在下，电泳时，积层胶电压60V，分离胶电压100V，电泳至溴酚蓝行至电泳槽下端停止。

（5）染色　将胶从玻璃板中取出，考马斯亮蓝染色液染色，室温4~6h。

（6）脱色　将胶从染色液中取出，放入脱色液中，多次脱色至蛋白带清晰。

（7）凝胶摄像和保存　在图像处理系统下将脱色好的凝胶摄像，凝胶可保存于双蒸水中或7%乙酸溶液中。

四、技术要点

1. 玻璃板的准备

（1）清洗玻璃板　一只手扣紧玻璃板，另一只手蘸点洗涤剂轻轻擦洗。两面都擦洗过后用自来水冲，再用蒸馏水冲洗干净后，立在筐里晾干。新玻璃板用4mol/L NaOH浸泡2h，清水冲洗干净，再用95%乙醇擦洗一遍，然后用无水乙醇淋洗，垂直放置晾干；经反复使用的玻璃板每次用洗涤剂与清水冲洗，晾干备用。

（2）按照使用说明将玻璃板对齐后放入夹中卡紧，然后垂直卡在架子上准备灌胶。操作时要使两玻璃对齐，左、右、底三边无间隙，尤其注意底边平齐，以免漏胶。

2. 制胶注意事项

（1）未聚合的丙烯酰胺和亚甲基双丙烯酰胺具有神经毒性，可通过皮肤和呼吸道吸收，要戴手套并小心操作。

（2）为达到较好的凝胶聚合效果，所有试剂要保证足够纯度，水要用去离子的纯水，缓冲液的pH要准确。10% AP最好新鲜配制，4℃保存最好在一周内使用。所有试剂使用前需平衡到室温（凝胶的最佳形成温度是23~25℃），室温较低时或TEMED存放过久时（若TEMED偏黄色是失效的标志），TEMED的量可加倍。

(3) 激活剂 AP 和 TEMED 一定要适量。激活剂过量将导致聚丙烯酰胺聚合链缩短，凝胶变脆，甚至不能形成肉眼可见的凝胶，而形成高黏度液体。过量的激活剂还可氧化蛋白并升高溶液的 pH，从而改变电泳条带的位置；激活剂过少凝胶聚合变慢，氧气不断进入后抑制凝胶聚合，形成的凝胶孔径扩大，凝胶易于变形。此外，未聚合的单体可与蛋白反应改变电泳条带位置，或造成条带拖尾或停滞在加样孔等现象。最佳聚合速度：在加入激活剂后到开始出现凝胶的时间，分离胶为 15 ~ 20min，浓缩胶 8 ~ 10min（浓缩胶因直接与空气接触需要加大激活剂浓度以加快聚合速度）。总原则：尽量用少的催化剂在最佳时间聚合。

(4) 灌胶时开始可快一些，胶面快到所需高度时要放慢速度，操作时胶一定要沿玻璃板流下，这样胶中才不会有气泡。加水液封时要缓慢，否则胶会被冲变形。插梳子时要使梳子保持水平并小心避免混入气泡。由于胶凝固时体积会收缩减小，会使加样孔变形，所以在浓缩胶凝固的过程中要不断补充浓缩胶溶液使之充满梳子间的空隙。室温 25℃下凝胶完全聚合约需 30 ~ 60min，温度较低时至少需要 90min 才能保证凝胶真正完全聚合。如果在凝胶过程中发现一道道纹线，即凝胶不均匀，可能是聚合速度太快或激活剂未充分混合导致局部浓度过高所致。

3. 样品处理与上样注意事项

(1) 上样缓冲液中含有在电泳中能以可预知速率向阳极泳动的染料，使样品呈现颜色，从而使加样操作更为便利，还能够增大样品密度，以确保样品均匀进入样品孔内。所以必须按要求添加上样缓冲液。

(2) 上样前蛋白样品最好离心，上样量不宜过多，总体积一般不超过 15μL，加样孔的最大限度可加 20μL 样品。实验组与对照组所加总蛋白含量要尽量相等。

(3) 拔梳子要轻柔，保持加样孔端正并防止加样孔的凝胶隔条断裂。

(4) 用电泳缓冲液冲洗加样孔，可用吸管反复吹吸加样孔中的液体以去除未聚合的丙烯酰胺，然后尽量使用扁口微量枪头或微量进样器加样，将样品加成一细窄带，否则将影响电泳分辨率。

(5) 加样太快可使样品冲出加样孔，若有气泡也可能使样品溢出。更不要让样品溢入另一个加样孔，如果发生，应该小心冲洗污染的加样孔。

(6) 如果没有足够数目的样品，应在多余加样孔中加入样品缓冲液，不要留有空孔，以防止电泳时邻近带的扩展。

4. 电泳注意事项

(1) 为减少小蛋白条带的扩散，上样后应尽快开始电泳。

(2) 如用预染分子量标准，当要分辨的蛋白到达最佳分辨区——分离胶的 2/3 处，结束电泳。

(3) 电泳用恒压模式能保持蛋白质恒定的电泳迁移率，而电压先低后高可使样品更好地进入凝胶。实际电压可根据时间安排调节，电压高时电泳发热大，电压低于 50V 时小蛋白容易弥散，凝胶分辨率会下降。

5. 下胶及染色注意事项

(1) 下胶时先将玻璃板撬掉才可剥胶。撬的时候动作要轻，要在边上轻轻地反复撬（撬时一定要小心，玻璃板很易裂），直到撬去玻璃板。

（2）考马斯亮蓝使用简便快速，可以分辨 1μg 左右的条带，是最经济通用的蛋白质 PAGE 凝胶电泳染色方法。银染操作复杂一些，但分辨率高，可以分辨 2 ~ 5ng 蛋白质。

（3）用微波短暂加热使染液升温可以加速染胶，但染色效果一般（具体操作：每次加热 1 ~ 2min，2 ~ 3 次，避免染液沸腾损坏胶，再摇动染色 30min 以上）。

思考题

1. 在 SDS – PAGE 中 SDS 的作用是什么？
2. 在 SDS – PAGE 中，分离胶和浓缩胶中均含有 TEMED 和 AP，试述其作用？

第十章　融合蛋白在大肠杆菌中的表达和纯化

细菌质粒是一类双链闭环的 DNA 分子，在很多细菌中都发现了这样一种独立于宿主菌基因组之外的 DNA，它们可以利用宿主的酶和蛋白质进行独立的复制和遗传。目前商品化的表达载体都含有强的启动子和有效的核糖体结合位点，当外源基因编码序列定向克隆入这些载体的多克隆位点之后就成功构建目的基因的原核表达载体，然后转化入感受态细菌，在适当的条件下（如温控诱导、化学诱导）诱导表达，就可产生目的蛋白质。根据研究目的不同，在这样一个原核表达系统中可以实现天然蛋白和融合蛋白的表达。通常情况下，融合表达的策略被许多研究者采用，主要原因为：高效表达；比天然蛋白质更稳定；易于鉴定和纯化。

例如，人们常将基因的编码序列定向克隆入原核表达载体 pET - 32a（+）载体（附图 1）中，采用化学诱导的方法诱导表达一个带有 His 标签（载体中已经含有）的融合蛋白。pET - 32a（+）载体是 Novagen 公司开发的产品，具有 T_7 噬菌体启动子，可以高效表达外源基因，不会受大肠杆菌 RNA 聚合酶的影响。当重组质粒转化含 T_7 RNA 聚合酶的工程菌之后，即可进行外源基因的表达。

利用原核表达系统获得的融合蛋白可以非常简便地进行纯化，基于表达载体的特点常用亲和层析的方法，如采用 Ni - NTA 琼脂糖基质亲和吸附可以纯化含 6 × His 的融合蛋白，6 × His 标签可以用凝血酶（thrombin）切割去除。

Ni - NTA 技术属于固相金属亲和层析（immobilized - metal affinity chromatography，IMAC），其主要原理：NTA 是一种强的金属螯合剂（可与 Ni 离子形成 4 个配位键），而 6 × His 可以很好地与 Ni 离子之间形成配位键（图 10 - 1），这样带有 6 × His 标签的融合蛋白就可被固化在琼脂糖基质上的 Ni - NTA 吸附，应用一定的洗涤缓冲液可以去除杂质，最后用适当浓度的咪唑（竞争性原理）从基质上洗脱目的融合蛋白。

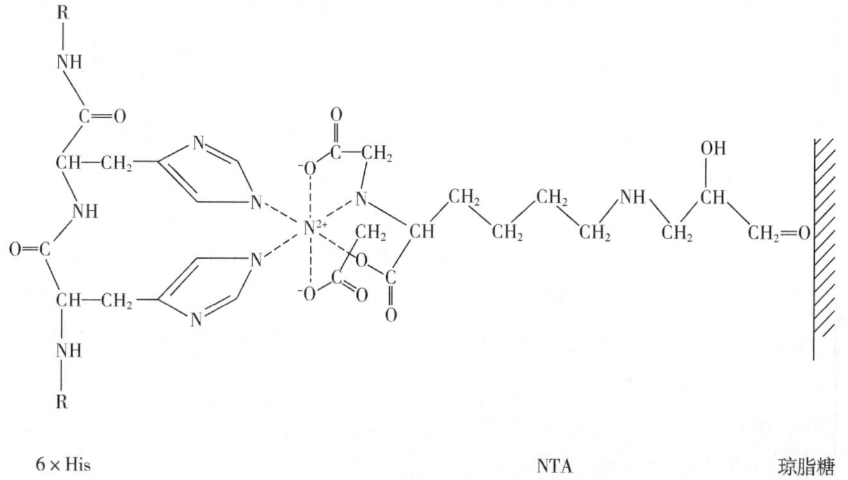

图 10 - 1　Ni - NTA 亲和层析的原理

一、实验材料

（1）1mol/L IPTG　用去离子水配成238mg/mL的储存液，过滤除菌，－20℃保存。

（2）裂解缓冲液（1L）　50mmol/L NaH_2PO_4，300mmol/L NaCl，10mmol/L 咪唑，调整pH为8.0，使用前加入4μg/mL的胃蛋白酶抑制剂、抑肽酶、亮抑肽酶和1mmol/L的PMSF。

（3）洗涤缓冲液（1L）　50mmol/L NaH_2PO_4，300mmol/L NaCl，20mmol/L 咪唑，调整pH为8.0。

（4）1×SDS上样缓冲液　50mmol/L Tris－HCl（pH 6.8），2% SDS，0.1% BPB，10%甘油，1% β－巯基乙醇。

（5）PBS　50mmol/L磷酸钾，pH 7.4；150mmol/L NaCl。

（6）透析缓冲液　50mmol/L Tris－HCl（pH 7.5），1mmol/L DTT，0.5mmol/L EDTA，0.1mmol/L PMSF。

（7）其他　转化有pET－32a（＋）表达质粒的BL21（DE3）菌，SDS－PAGE电泳的相关试剂，溶菌酶，蛋白酶抑制剂，Ni－NTA琼脂糖，咪唑，蛋白纯化相关试剂等。

二、实验仪器

恒温摇床，10mL玻璃试管若干（每管装有5mL无菌LB培养基），500mL锥形瓶（装250mL无菌LB培养基），分光光度计，台式冷冻离心机，－4℃、－80℃冰箱，制冰机，超声细胞破碎仪，蛋白电泳设备，树脂柱，50mL离心管，灭菌1.5mL EP管若干。

三、操作步骤

1. 融合蛋白的诱导表达

（1）挑取转化有pET－32a（＋）表达载体的BL21（DE3）单菌落接种到含抗生素的5mL LB（终浓度为100μg/mL）管中，于37℃剧烈振荡（300r/min）培养8～12h。

（2）取上述全部培养物接种到250mL新鲜LB培养基中，37℃剧烈振荡（300r/min）培养1～1.5h，使菌液的OD_{600}达到0.5～0.7。

（3）取1mL菌液作为不诱导对照（暂时置于4℃）。向剩余培养物中加入终浓度为0.1～1mmol/L的IPTG，在适当温度下继续培养3～12h。

（4）取1mL诱导后的培养物，连同不诱导对照在12000r/min离心30s，收集菌体。菌体沉淀以100μL 1×SDS上样缓冲液重悬混匀，于100℃水浴煮沸10min，12000r/min离心2min，取10～20μL上清上样，12% SDS－PAGE检测。其余诱导后的菌液，在4℃ 5000r/min离心5min，弃去上清并用15mL预冷的PBS重悬，转移至一个新的50mL离心管（首先要称重）中，4℃ 3000r/min离心20min，弃净上清；将菌体沉淀（再次称重）在－80℃保存备用（等确定诱导表达成功之后可以进行纯化操作）。如果要及时进行纯化，也可以直接继续下面的操作。

2. 融合蛋白的亲和纯化

（1）将菌体沉淀置于冰上，按照 2 ~ 5mL/g 湿菌加入裂解缓冲液。

（2）加入终浓度为 1mg/mL 的溶菌酶，在冰上放置 30min。

（3）超声破碎细菌　条件：超声 20s，间隔 10s，共 3 次，超声强度为 200 ~ 300W（可视实际情况改变超声条件，只要使细菌裂解充分即可）。整个操作在冰浴中进行。

（4）将超声产物在 4℃ 12000r/min 离心 20 ~ 30min，弃去沉淀，收集上清于一个新的管中。

（5）取 1mL 50% Ni – NTA 悬液于上清中，在 4℃轻柔振荡（200r/min）混合 1h。

（6）将混合液加入一个柱子中（底部有滤垫，保证树脂不能流过）。

（7）靠重力作用使液体流下，收集液体（可暂时置于冰上）。

（8）用 4mL 洗涤缓冲液洗涤，共 3 次，收集每次洗涤液体（可暂时置于冰上）。

（9）用 0.5mL 洗脱液洗脱蛋白，共 4 次，收集每次洗脱液体（可暂时置于冰上）。

（10）将所有收集的样品进行 12% SDS – PAGE 检测。

（11）透析去除咪唑，进行后续实验。

四、技 术 要 点

1. 融合蛋白质的诱导表达

（1）单菌落首先要进行活化，然后再进行诱导。

（2）诱导表达时，菌液的生长状态非常重要，要保证 OD_{600} 达到 0.5 ~ 0.7。

（3）诱导温度非常重要，有些蛋白质需要在低温（比如 20℃诱导）才能得到可溶性的表达。

（4）诱导时间和 IPTG 的浓度对表达也有影响，会影响外源蛋白质在宿主菌中的表达形式。

2. 融合蛋白质的 Ni – NTA 亲和纯化

（1）蛋白质的表达形式会严重影响纯化的效果，可溶性表达的蛋白比较容易纯化。

（2）蛋白质纯化操作必须在低温条件下（4℃）进行，并加入蛋白酶抑制剂以保证蛋白质不发生降解。

（3）洗涤缓冲液中咪唑的浓度可以根据具体的蛋白质进行调整，有时可以去除更多的杂蛋白而得到更纯的目的蛋白。

（4）为了得到更纯的蛋白，可在裂解缓冲液中加入 10 ~ 20mmol/L 的咪唑。

思考题

1. 如果希望通过原核表达得到的目的蛋白能保持天然活性，请问在诱导表达的过程中应该注意哪些因素？为什么？

2. Ni – NTA 亲和纯化可以得到 100% 纯度的目的蛋白吗？为什么？

第十一章　分子杂交技术

互补的核苷酸序列通过 Watson - Crick 碱基配对形成稳定的杂合双链 DNA 分子的过程称为杂交。杂交过程是高度特异性的，可以根据所使用的探针已知序列进行特异性的靶序列检测。

杂交的双方是所使用的探针和要检测的核酸。该检测对象可以是克隆化的基因组 DNA，也可以是细胞总 DNA 或总 RNA。根据使用的方法被检测的核酸可以是提纯的，也可以在细胞内杂交，即细胞原位杂交。探针必须经过标记，以便示踪和检测。使用最普遍的探针标记物是同位素，但由于同位素的安全性，近年来发展了许多非同位素标记探针的方法。

核酸分子杂交具有很高的灵敏度和高度的特异性，因而该技术在分子生物学领域中已广泛地使用于克隆基因的筛选、酶切图谱的制作、基因组中特定基因序列的定性、定量检测和疾病的诊断等方面。因而它不仅在分子生物学领域中具有广泛的应用，而且在临床诊断上的应用也日趋增多。

一、核酸探针标记的方法

根据核酸的性质，核酸探针可分为 DNA 探针和 RNA 探针；根据是否使用放射性标记物，可分为放射性标记探针和非放射性标记探针；根据是否存在互补链，可分为单链探针和双链探针；根据放射性标记物的掺入情况，可分为均匀标记探针和末端标记探针。下面将介绍各种类型的探针及标记方法。

1. 双链 DNA 探针及其标记方法

分子生物研究中，最常用的探针即为双链 DNA 探针，它广泛应用于基因的鉴定、临床诊断等方面。双链 DNA 探针的合成方法主要有下列两种：切口平移法和随机引物合成法。

（1）切口平移法（nick translation）　当双链 DNA 分子的一条链上产生切口时，*E. coli* DNA 聚合酶Ⅰ就可将核苷酸连接到切口的 3′ 羟基末端。同时该酶具有从 5′→3′ 的核酸外切酶活性，能从切口的 5′ 端除去核苷酸。由于在切去核苷酸的同时又在切口的 3′ 端补上核苷酸，从而使切口沿着 DNA 链移动，用放射性核苷酸代替原先无放射性的核苷酸，将放射性同位素掺入到合成新链中。最合适的切口平移片段一般为 50 ~ 500 个核苷酸。切口平移反应受几种因素的影响：产物的比活性取决于［$\alpha - {}^{32}P$］dNTP 的比活性和模板中核苷酸被置换的程度；DNA 酶Ⅰ的用量和 *E. coli* DNA 聚合酶的质量会影响产物片段的大小；DNA 模板中的抑制物如琼脂糖会抑制酶的活性，故应使用仔细纯化后的 DNA。

①材料　待标记的 DNA。

②设备　高速台式离心机，恒温水浴锅等。

③试剂

a. 10×切口平移缓冲液　0.5mol/L Tris－HCl（pH 7.2），0.1mol/L $MgSO_4$，10mmol/L DTT，100μg/mL BSA。

b. 未标记的dNTP原液　除同位素标记的脱氧三磷酸核苷酸外，其余3种分别溶解于50mmol/L Tris－HCl（pH 7.5）溶液中，浓度为0.3mmol/L。

c. ［α－^{32}P］dCTP或［α－^{32}P］dATP　400Ci/mmol，10 μCi/μL。

d. *E. coli* DNA聚合酶Ⅰ（4U/μL）　溶于50μg/mL BSA，1mmol/L DTT，50%甘油，50mmol/L Tris－HCl（pH 7.5）中。

e. DNA酶Ⅰ　1mg/mL。

f. EDTA　200mmol/L（pH 8.0）。

g. 10mol/L NH_4Ac。

④操作步骤

a. 按下列配比混合：

未标记的dNTP	10μL
10×切口平移缓冲液	5μL
待标记的DNA	1μg
［α－^{32}P］dCTP或dATP（70μCi）	7μL
E. coli DNA聚合酶	4U
DNA酶Ⅰ	1μL
加水至终体积	50μL

b. 置于15℃水浴60min。

c. 加入5μL EDTA终止反应。

d. 反应液中加入乙酸铵，使终浓度为0.5mol/L，加入两倍体积预冷的无水乙醇沉淀回收DNA探针。

⑤注意事项

a. ^{3}H、^{32}P及^{35}S标记的dNTP都可使用于探针标记，但通常使用［α－^{32}P］－dNTP。

b. DNA酶Ⅰ的活性不同，所得到的探针比活性也不同，DNA酶Ⅰ活性高，则所得探针比活性高，但长度比较短。

（2）随机引物合成法　随机引物合成双链探针的原理是使寡核苷酸引物与DNA模板结合，在Klenow酶的作用下，合成DNA探针。合成产物的大小、产量、比活性依赖于反应中模板、引物、dNTP和酶的量。通常，产物平均长度为400～600个核苷酸。

利用随机引物进行反应的优点是：①Klenow片段没有5′→3′外切酶活性，反应稳定，可以获得大量的有效探针。②反应时对模板的要求不严格，用微量制备的质粒DNA模板也可进行反应。③反应产物的比活性较高，可达4×10^9 cpm/μg探针。④随机引物反应还可以在低熔点琼脂糖中直接进行。

①材料：待标记的DNA片段。

②设备：高速台式离心机，恒温水浴锅等。

③试剂

a. 随机引物　随机六聚体或断裂的鲑鱼精子 DNA。

b. 10×随机标记缓冲液　900mmol/L HEPES（pH 6.6），10mmol/L $MgCl_2$。

c. Klenow 片段。

d. 20mmol/L DTT。

e. 未标记的 dNTP 溶液　dGTP、dCTP 和 dTTP 溶液，各 5mmol/L。

f. [$\alpha-{}^{32}P$] dATP　比活性大于 3000Ci/mmol，10μCi/μL。

g. 缓冲液 A　50mmol/L Tris-HCl（pH 7.5），50mmol/L NaCl，5mmol/L EDTA（pH 8.0），0.5% SDS。

④操作步骤

a. 200ng 双链 DNA（1μL）和 7.5ng 随机引物（1μL）混合后置于 EP 管内，水浴煮沸 5min 后，立即置于冰浴中 1min。

b. 与此同时，尽快在一置于冰浴中的 0.5mL EP 管内混合下列化合物：

20mmol/L DTT	1μL
未标记的 dNTP 溶液	1μL
10×随机标记缓冲液	1μL
[$\alpha-{}^{32}P$] dATP（比活性大于 3000Ci/mmol；10μCi/μl）	3μL
ddH_2O	1μL

c. 将步骤 aEP 管中的溶液移到步骤 b 管中。

d. 加入 5U（约 1μL）Klenow 片段，充分混合，在微型离心机中以 12000×g 离心 1~2s，使所有溶液沉于试管底部，在室温下保温 3~16h。

e. 在反应液中加入 10μL 缓冲液 A 后，将放射性标记的探针保存在 -20℃ 下备用。同时计算放射比活性。

⑤注意事项

a. 引物与模板的比例应仔细调整。当引物高于模板时，反应产物比较短，但产物的累积较多；反之，则可获得较长片段的探针。

b. 模板 DNA 应是线性的，如为超螺旋 DNA，则标记效率不足 50%。

2. 单链 DNA 探针

用双链探针杂交检测另一个远缘 DNA 时，探针序列与被检测序列间有很多错配。而两条探针互补链之间的配对却十分稳定，即形成自身的无效杂交，结果使检测效率下降。采用单链探针则可解决这一问题。单链 DNA 探针的合成方法主要有下列两种：①以 M_{13} 载体衍生序列为模板，用 Klenow 片段合成单链探针；②以 RNA 为模板，用反转录酶合成单链 cDNA 探针。

（1）从 M_{13} 载体衍生序列合成单链 DNA 探针　合成单链 DNA 探针可将模板序列克隆到噬粒或 M_{13} 噬菌体载体中，以此为模板，以特定的通用引物或以人工合成的寡核苷酸为引物，在 [$\alpha-{}^{32}P$] -dNTP 的存在下，由 Klenow 片段作用合成放射标记探针，反应完毕后得到部分双链分子。在克隆序列内或下游用限制性内切酶切割这些长短不一的产物，然后通过变性凝胶电泳（如变性聚丙烯酰胺凝胶电泳）将探针与模板分离开。双链 RF 型 M_{13} DNA 也可用于单链 DNA 的制备，选用适当的引物即可制备正链或负链单链探针。

①实验材料　已制备好的单链 DNA 模板。

②实验设备　高速台式离心机，恒温水浴锅，电泳仪等。

③实验试剂

a. 10 × Klenow 缓冲液　0.5mol/L NaCl，0.1mol/L Tris – HCl（pH 7.5），0.1mol/L $MgCl_2$。

b. 0.1mol/L DTT 溶液。

c. ［α – ^{32}P］dATP　3000Ci/mmol，10μCi/μL。

d. 未标记的 dNTP 溶液　40mmol/L 和 20mmol/L。

e. dCTP，dTTP，dGTP　各 20mmol/L 的溶液。

f. Klenow 片段　5U/mL。

g. 适宜的限制性内切酶　如 *Eco*RⅠ、*Hin*dⅢ等。

h. 0.5mol/L EDTA（pH 8.0）。

i. 其他：酚:氯仿，乙醇，电泳用试剂。

④操作步骤

a. 在 0.5mL EP 管中混合如下溶液：

单链模板（约 0.5pmol）	1mg
适当引物	5pmol
10 × Klenow 缓冲液	3mL
加水至	20mL

b. 将 EP 管加热到 85℃ 5min，在 30min 内，使小离心管降到 37℃。

c. 依次加入：

DTT	2mL
［α – ^{32}P］dATP	5mL
未标记的 dATP	1mL
dGTP，dCTP，dTTP 混合液	1mL

混合均匀后，稍离心使之沉于试管底部。

d. 加 1mL（5 U）Klenow 酶室温下 30min。

e. 加 1mL 20mmol/L 未标记的 dATP 溶液 20min。

f. 68℃加热 10min，使 Klenow 片段失活。调整 NaCl 浓度，使之适宜于酶切。

g. 加入 20U 限制性内切酶（如 *Eco*RⅠ，*Hin*dⅢ等）酶切 1h。

h. 酚:氯仿抽提 DNA，乙醇沉淀以去除 dNTP，或加 0.5mol/L EDTA（pH 8.0）至终浓度 10mmol/L。

i. 用电泳方法分离放射性标记的探针。

（2）从 RNA 合成单链 cDNA 探针　cDNA 单链探针主要用来分离 cDNA 文库中相应的基因。用 RNA 为模板合成 cDNA 探针所用的引物有两种：①用寡聚 dT 为引物合成 cDNA 探针。本方法只能用于带 poly（A）的 mRNA，并且产生的探针绝大多数偏向于 mRNA 3′末端序列。②可用随机引物合成 cDNA 探针。该法可避免上述缺点，产生比活性较高的探针。但由于模板RNA中通常含有多种不同的RNA分子，所得探针的序列往往比以克隆DNA为模板所得的探针复杂得多，应预先尽量富集mRNA中的目的序列。反转录得到的产物RNA/DNA杂交双链经碱变性后，RNA单链可被迅速地降解成小片段，经葡聚糖凝胶G－50柱层析即可得到单链探针。

①实验材料　已提纯的RNA或mRNA。

②实验设备　高速台式离心机，恒温水浴锅，葡聚糖凝胶G－50层析柱等。

③实验试剂

a. 合适的引物　随机引物或oligo（dT）。

b. 5mmol/L dGTP，dATP，dCTP，dTTP。

c. ［$\alpha - ^{32}P$］dCTP（>3000 Ci/mmol，10 mCi/mL）。

d. 反转录酶（200000 U/mL）。

e. 100mmol/L DTT。

f. 250mmol/L $MgCl_2$。

g. 1mol/L KCl。

h. 0.5mol/L EDTA（pH 8.0）。

i. 10% SDS。

j. RNasin（RNA酶抑制剂）（40U/mL）。

k. 其他　1mol/L Tris－HCl，3mol/L NaOH，2mol/L HCl，酚:氯仿，乙醇。

④操作步骤

a. 在已置于冰浴的灭菌离心管中加入下列试剂：

RNA或mRNA	10.0mL
合适的引物（1mg/mL）	10.0mL
1mol/L Tris－HCl（pH 7.6）	2.5mL
1mol/L KCl	3.5mL
250mmol/L $MgCl_2$	2.0mL
5mmol/L dNTP	10.0mL
［$\alpha - ^{32}P$］dCTP	10.0mL
100mmol/L DTT	2.0mL
RNasin	20U
加水至	48mL
反转录酶（200000U/mL）	2mL

混匀后，稍稍离心，37℃保温2h。

b. 反应完毕后加入下列试剂：

0.5mol/L EDTA（pH 8.0）	2mL
10% SDS	2mL

c. 加入3mL 3mol/L NaOH，68℃保温30min以水解RNA。

d. 冷却至室温后，加入10mL 1mol/L Tris－HCl（pH 7.4），混匀，然后加入3mL 2mol/L HCl。

e. 酚:氯仿抽提后，用葡聚糖凝胶 G－50 柱层析或乙醇沉淀法分离标记的探针。

3. 末端标记 DNA 探针

现以 Klenow 片段标记 3′ 末端为例说明末端标记的方法。

（1）实验材料　待标记的双链含凹缺 3′ 末端的 DNA。

（2）实验设备　高速台式离心机，水浴锅，葡聚糖凝胶 G－50 层析柱等。

（3）实验试剂

①3 种不含标记的 dNTP　各为 200mmol/L。

②合适的限制性内切酶。

③［$\alpha-^{32}P$］dNTP　3000Ci/mmol，10mCi/μL。

④Klenow 片段（5U/mL）。

⑤10×末端标记缓冲液　0.5mol/L Tris－HCl（pH 7.2），0.1mol/L $MgSO_4$，1mmol/L DTT，500mg/mL BSA。

⑥其他　第四种核苷酸溶液，酚:氯仿，乙醇。

（4）操作步骤

①25μL 反应体系中用合适的限制酶酶切 1μg 的 DNA。

②按下列成分加入试剂并混匀：

已酶切的 DNA	1mg（25mL）
10×末端标记缓冲液	5mL
2mmol/L 3 种 dNTP	1mL
［$\alpha-^{32}P$］dNTP	适量
加水至	50mL

③加入 1U 的 Klenow 片段，室温下反应 30min。

④加入 1mL 2mmol/L 第四种核苷酸溶液，室温保温 15min。

⑤70℃加热 5 min，终止反应。

⑥用酚:氯仿抽提后，用乙醇沉淀来分离标记的 DNA，或用葡聚糖凝胶 G－50 柱层析分离标记的 DNA。

（5）注意事项

①利用本方法可对 DNA 分子量标准进行标记，利用它可定位因片段太小而无法在凝胶中观察的 DNA 片段。

②对 DNA 纯度的要求不很严格，少量制备的质粒也可进行末端标记合成探针。

③末端标记还有其他的一些方法，如利用 T_4 多核苷酸激酶标记脱磷的 5′ 端突出的 DNA 和平末端凹缺 DNA，也可利用该酶进行交换反应标记 5′ 末端。

4. 寡核苷酸探针

利用寡核苷酸探针可检测到靶基因上单个核苷酸的点突变。常用的寡核苷酸探针主要有两种：单一已知序列的寡核苷酸探针和许多简并性寡核苷酸探针组成的寡核苷酸探针库。单一已知序列寡核苷酸探针能与它们的目的序列准确配对，可以准确地设计杂交条件，以保证探针只与目的序列杂交而不与序列相近的非完全配对序列杂交，对于一些未知序列的目的片段则无效。

（1）材料　待标记的寡核苷酸（10 pmol/μL）。

（2）设备　高速台式离心机，恒温水浴锅，葡聚糖凝胶 G－50 层析柱等。

（3）试剂

①10 × T_4 多核苷酸激酶缓冲液　0.5mol/L Tris－HCl（pH 7.6），0.1mol/L $MgCl_2$，50mmol/L DTT，1mmol/L 亚精胺·HCl，1mmol/L EDTA（pH 8.0）。

②［γ－^{32}P］ATP（比活性 7000 Ci/mmol；10 mCi/mL）。

③T_4 多核苷酸激酶（10U/mL）。

（4）操作步骤

①100ng 寡核苷酸溶于 30mL 水中。置 65℃变性 5min，迅速置冰浴中。

②立即加入下列试剂：

10 × 激酶缓冲液	5mL
［γ－^{32}P］ATP	10mL
T_4 多核苷酸激酶	2mL
加水至	50mL

混匀后置 37℃水浴 20min。

③再加入 20U T_4 多核苷酸激酶，置 37℃水浴 20min 后立即置冰浴中。

④葡聚糖凝胶 G－50 柱层析。

此方法是在每个探针的 5′ 末端多加了一个磷酸，理论上，这会影响其与 DNA 的杂交。因此，建议使用 Klenow DNA 聚合酶的链延伸法获得高放射性的寡核苷酸探针。

除了常见的同位素标记探针外，还有利用非同位素标记探针和杂交的方法。许多公司都有不同的非同位素标记探针的杂交系统出售，可根据这些公司所提供的操作步骤进行探针的标记和杂交。

5. RNA 探针

许多载体如 pBluescript、pGEM 等均带有来自噬菌体 SP_6 或 *E. coli* 噬菌体 T_7 或 T_3 的启动子，它们能特异性地被各自噬菌体编码的依赖于 DNA 的 RNA 聚合酶所识别，合成特异性的 RNA。在反应体系中若加入经标记的 NTP，则可合成 RNA 探针。RNA 探针一般都是单链，它具有单链 DNA 探针的优点，又具有许多 DNA 单链探针所没有的优点，主要是 RNA:DNA 杂交体比 DNA:DNA 杂交体有更高的稳定性，所以在杂交反应中 RNA 探针比相同比活性的 DNA 探针所产生信号要强。噬菌体依赖 DNA 的 RNA 聚合酶所需的 rNTP 浓度比 Klenow 片段所需的 dNTP 浓度低，因而能在较低浓度放射性底物的存在下，合成高比活性的全长探针。用来合成 RNA 的模板能转录许多次，所以 RNA 的产量比单链 DNA 高。

反应完毕后，用无 RNA 酶的 DNA 酶Ⅰ处理，即可除去模板 DNA，而单链 DNA 探针则需通过凝胶电泳纯化才能与模板 DNA 分离。

另外噬菌体依赖于 DNA 的 RNA 聚合酶不识别克隆 DNA 序列中的细菌、质粒或真核生物的启动子，对模板的要求也不高，故在异常位点起始 RNA 合成的比例很低。因此，当将线性质粒和相应的依赖 DNA 的 RNA 聚合酶及 4 种 rNTP 一起保温时，所有 RNA 的合成，都由这些噬菌体启动子起始。而在单链 DNA 探针合成中，若模板中混杂其他 DNA 片段，则会产生干扰。但它也存在着不可避免的缺点，因为合成的探针是 RNA，它对 RNase 特别敏感，因而所用的器皿试剂等均应仔细地去除 RNase；另外如果载体没有受到很好的酶切，则等量的超螺旋 DNA 会合成极长的 RNA，它有可能带上质粒的序列而降低特异性。

6. 几种常见的分子杂交

分子杂交是通过各种方法将核酸/蛋白质分子固定在固相支持物上，然后用放射性标记的探针与被固定的分子杂交，经显影后显示出目的 DNA 或 RNA 分子所处的位置。根据被测定的对象，分子杂交基本可分为以下几大类。

（1）Southern 杂交　DNA 片段经电泳分离后，从凝胶中转移到硝酸纤维素滤膜或尼龙膜上，然后与探针杂交。被检对象为 DNA，探针为 DNA 或 RNA。

（2）Northern 杂交　RNA 片段经电泳后，从凝胶中转移到硝酸纤维素滤膜上，然后用探针杂交。被检对象为 RNA，探针为 DNA 或 RNA。

根据杂交所用的方法，另外还有斑点（dot）杂交、狭槽（slot）杂交和菌落原位杂交等。有 3 种固相支持体可用于杂交：硝酸纤维素滤膜、尼龙膜和 Whatman 541 滤纸。不同商标的尼龙膜需要进行不同的处理，在 DNA 固定和杂交的过程中要严格按生产厂家的说明书来进行。Whatman 541 滤纸有很高的湿强度，最早用于筛选细菌菌落。该滤纸主要用于筛选一些基因文库。固定化 DNA 的杂交条件基本与使用硝酸纤维素滤膜时所建立的条件相同。Whatman 541 滤纸与硝酸纤维素滤膜相比有一些优点：它更便宜，杂交中更耐用，干燥过程中不易变形和碎裂等。然而若变性过程不小心，杂交信号的强度会明显弱于用硝酸纤维素滤膜时所得到的信号强度。因此，常规的细菌筛选和各种杂交时仍选用硝酸纤维素滤膜作为固相支持体。

（3）Western 杂交　其原理与 Southern 杂交或 Northern 杂交方法类似，但 Western 杂交采用的是聚丙烯酰胺凝胶电泳，被检测物是蛋白质，“探针”是抗体，“显色”用标记的二抗。经过 PAGE 分离的蛋白质样品，转移到固相载体（如硝酸纤维素薄膜）上，固相载体以非共价键的形式吸附蛋白质，且能保持电泳分离的多肽类型及其生物学活性不变。以固相载体上的蛋白质或多肽作为抗原，与对应的抗体起免疫反应，再与酶或同位素标记的第二抗体起反应，经过底物显色或放射自显影以检测电泳分离的特异性目的基因表达的蛋白成分。该技术也广泛应用于检测蛋白水平的表达。

二、Southern　杂　交

Southern 杂交可用来检测经限制性内切酶切割后的 DNA 片段中是否存在与探针同源的序列，它包括下列步骤。

（1）酶切 DNA，凝胶电泳分离各酶切片段，然后使 DNA 原位变性。

（2）将 DNA 片段转移到固体支持物（硝酸纤维素滤膜或尼龙膜）上。

（3）预杂交滤膜，掩盖滤膜上的非特异性位点。

（4）让探针与同源 DNA 片段杂交，然后漂洗除去非特异性结合的探针。

（5）通过显影检查目的 DNA 所在的位置。

Southern 杂交能否检出杂交信号取决于很多因素，包括目的 DNA 在总 DNA 中所占的比例、探针的大小和比活性、转移到滤膜上的DNA量以及探针与目的DNA间的配对情况等。在最佳条件下，放射自显影曝光数天后，Southern 杂交能很灵敏地检测出低于0.1pg与^{32}P标记的高比活性探针的（$>10^9$cpm/μg）互补DNA。如果将10μg基因组DNA转移到滤膜上，并与长度为几百个核苷酸的探针杂交，曝光过夜，则可检测出哺乳动物基因组中1kb大小的单拷贝序列。

将DNA从凝胶中转移到固体支持物上的方法主要有3种。①毛细管转移：本方法由Southern发明，故又称为Southern转移（或印迹）。毛细管转移方法的优点是简单，不需要用其他仪器。缺点是转移时间较长，转移后杂交信号较弱。②电泳转移：将DNA变性后，可电泳转移至带电荷的尼龙膜上。该法的优点是不需要脱嘌呤/水解作用，可直接转移较大的DNA片段。缺点是转移中电流较大，温度难以控制。通常只有当毛细管转移和真空转移无效时，才采用电泳转移。③真空转移：有多种真空转移的商品化仪器，它们一般是将硝酸纤维素膜或尼龙膜放在真空室上面的多孔屏上，再将凝胶置于滤膜上，缓冲液从上面的一个贮液槽中流下，洗脱出凝胶中的DNA，使其沉积在滤膜上。该法的优点是快速，在30 min内就能把所需DNA从正常厚度（4~5mm）和正常琼脂糖浓度（<1%）的凝胶中定量地转移出来，转移后得到的杂交信号比Southern转移强2~3倍。缺点是如不小心，会使凝胶碎裂，并且在洗膜不严格时，其背景比毛细管转移要高。

1. 实验材料

待检测的DNA，已标记好的探针。

2. 实验设备

电泳仪，电泳槽，塑料盆，真空烤箱，放射自显影盒，X光片，杂交袋，硝酸纤维素滤膜或尼龙膜，滤纸。

3. 实验试剂

（1）10mg/mL溴化乙锭（EB）。

（2）50×Denhardt′s溶液　5g Ficoll-40，5g PVP，5g BSA，加水至500mL，过滤除菌后于-20℃储存。

（3）1×BLOTTO　5g脱脂奶粉，0.02%叠氮钠，储于4℃。

（4）预杂交溶液　6×SSC，5×Denhardt，0.5% SDS，100mg/mL鲑鱼精子DNA，50%甲酰胺。

（5）杂交溶液　预杂交溶液中加入变性探针即为杂交溶液。

（6）0.2mol/L HCl。

（7）0.1% SDS。

（8）0.4mol/L NaOH。

（9）变性溶液　87.75g NaCl，20.0g NaOH，加水至1000mL。

（10）中和溶液　175.5g NaCl，6.7g Tris-HCl，加水至1000mL。

（11）20×SSC　3mol/L NaCl，0.3mol/L柠檬酸钠，用1mol/L HCl调节pH至7.0。

（12）SSC　2×，1×，0.5×，0.25×和0.1×，用20×SSC稀释。

4. 操作步骤

（1）约50μL酶切10pg至10μg的DNA，然后在琼脂糖凝胶中电泳12~24h（包括

DNA 相对分子质量标准物）。

（2）500mL 水中加入 25μL 10mg/mL 溴化乙锭，将凝胶放置其中染色 30min，然后照相。

（3）依次用下列溶液处理凝胶，并轻微摇动：500mL 0.2mol/L HCl 10min，倾去溶液（如果限制性片段大于 10kb，酸处理时间为 20min），用水清洗数次，倾去溶液；500mL 变性溶液两次，每次 15min，倾去溶液；500mL 中和溶液 30min。如果使用尼龙膜杂交，本步可以省略。

（4）戴上手套，在盘中加 20×SSC 液，将硝酸纤维素滤膜先用无菌水完全湿透，再用 20×SSC 浸泡。将硝酸纤维素滤膜一次准确地盖在凝胶上，去除气泡。用浸过20×SSC 液的 3 层滤纸盖住滤膜，然后加上干的 3 层滤纸和干纸巾，根据 DNA 的复杂程度转移2～12h。当使用尼龙膜杂交时，该膜用水浸润一次即可，转移时用 0.4mol/L NaOH 代替 20×SSC，简单的印迹转移 2～3h，对于基因组印迹，一般需要较长时间的转移。

（5）去除纸巾等，用蓝色圆珠笔在滤膜右上角记下转移日期，做好记号，取出滤膜，在 2×SSC 中洗 5min，凉干后在 80℃ 中烘烤 2h。注意在使用尼龙膜杂交时，只能空气干燥，不得烘烤。

（6）将滤膜放入含 6～10mL 预杂交液的密封小塑料袋中，将预杂交液加在袋的底部，前后挤压小袋，使滤膜湿透。在一定温度下（一般为 37～42℃）预杂交 3～12h，弃去预杂交液。

（7）制备同位素标记探针（参见一、核酸探针标记的方法），探针煮沸变性 5min。在杂交液中加入探针，混匀。如步骤（6）将混合液注入密封塑料袋中，在与预杂交相同温度下杂交 6～12h。

（8）取出滤膜，依次用下列溶液处理，并轻轻摇动：在室温下，1×SSC/0.1% SDS，15min，两次。在杂交温度下，0.25×SSC/0.1% SDS，15min，两次。

（9）空气干燥硝酸纤维素滤膜，然后在 X 光片上曝光。通常曝光 1～2 天后可见 DNA 谱带。对于不小于 10^8 cpm/μg 从缺口平移所得探针，可很容易地从 10μg 哺乳 DNA 中检测到 10pg 的单拷贝基因。

三、Northern　杂　交

Northern 杂交与 Southern 杂交很相似。主要区别是被检测对象为 RNA，其电泳在变性条件下进行，以去除 RNA 中的二级结构，保证 RNA 完全按分子大小分离。变性电泳主要有 3 种：乙二醛变性电泳、甲醛变性电泳和羟甲基汞变性电泳。电泳后的琼脂糖凝胶用与 Southern 转移相同的方法将 RNA 转移到硝酸纤维素滤膜上，然后与探针杂交。

1. 实验材料

待检测的 RNA 及制备好的探针。

2. 实验设备

电泳仪，电泳槽，塑料盆，真空烤箱，放射自显影盒，X 光片，杂交袋，硝酸纤维素膜或尼龙膜。

3. 实验试剂

（1）20×SSPE　175.3g NaCl，88.2g 柠檬酸钠，溶于800mL 水中，用10mol/L NaOH 调 pH 至7.4，定容到1L。

（2）其他试剂　与 Southern 杂交试剂类似，只是所有的试剂均需用 DEPC 处理。

4. 操作步骤

（1）RNA 经变性电泳完毕后，可立即将乙醛酰 RNA 转移至硝酸纤维素滤膜上。转移方法与转移 DNA 的方法相似。

（2）转移完毕后，以6×SSC 溶液于室温浸泡此膜5min，以除去琼脂糖碎片。

（3）将该杂交膜夹于两张滤纸中间，用真空烤箱于80℃干燥0.5~2h。

（4）用下列两种溶液之一进行预杂交，时间为1~2h。若于42℃进行，应采用：50%甲酰胺，5×SSPE，2×Denhardt's 试剂，0.1% SDS；若于68℃进行，应采用：6×SSC，2×Denhardt's 试剂，0.1%SDS。注意：BLOTTO 不能用于 Northern 杂交。

（5）在预杂交液中加入变性的放射性标记探针，如欲检测低丰度 mRNA，所用探针的量至少为0.1μg，其放射性比活度应大于2×10^{8} cpm/μg，放在适宜的温度条件下杂交16~24h。

（6）用1×SSC、0.1% SDS 于室温洗膜20min，随后用0.2×SSC、0.1% SDS 于68℃洗膜3次，每次20min。

（7）用X光片（Kodak XAR-2或与之相当的产品）进行放射自显影，附加增感屏于-70℃曝光24~48h。

5. 注意事项

（1）如果琼脂糖浓度高于1%，或凝胶厚度大于0.5cm，或待分析的 RNA 大于2.5kb，需用0.05mol/L NaOH 浸泡凝胶20min，部分水解 RNA 并提高转移效率。浸泡后用经 DEPC 处理的水淋洗凝胶，并用20×SSC 浸泡凝胶45min。然后再转移到滤膜上。

（2）在步骤（3）的操作中，如果滤膜上含有乙醛酰 RNA，杂交前需用20mmol/L Tris-HCl（pH 8.0）于65℃洗膜，以除去 RNA 上的乙二醛分子。

（3）RNA 自凝胶转移至尼龙膜所用方法，与 RNA 转移至硝酸纤维素滤膜所用方法类似。

（4）含甲醛的凝胶在 RNA 转移前需用经 DEPC 处理的水淋洗数次，以除去甲醛。当使用尼龙膜杂交时注意，有些带正电荷的尼龙膜在碱性溶液中具有固着核酸的能力，需用7.5mmol/L NaOH 溶液洗脱琼脂糖中的乙醛酰 RNA，同时可部分水解 RNA，并提高较长 RNA 分子（>2.3kb）转移的速度和效率。此外，碱可以除去 mRNA 分子的乙二醛加合物，免去固定后洗脱的步骤。乙醛酰 RNA 在碱性条件下转移至带正电荷尼龙膜的操作也按 DNA 转移的方法进行，但转移缓冲液为7.5mmol/L NaOH，转移结束后（4.5~6.0h），尼龙膜需用2×SSC、0.1% SDS 淋洗片刻，于室温晾干。

（5）尼龙膜的不足之处是背景较高，用 RNA 探针时尤为严重。将滤膜长时间置于高浓度的碱性溶液中，会导致杂交背景明显升高。可通过提高预杂交和杂交步骤中阻断试剂的量来予以解决。

（6）如用中性缓冲液进行 RNA 转移，转移结束后，将晾干的尼龙膜夹在两张滤纸中间，80℃干烤0.5～2h，或者254nm波长的紫外线照射尼龙膜带RNA的一面。后一种方法较为繁琐，但却优先使用，因为某些批号的带正电荷的尼龙膜经此处理后，杂交信号可以增强。然而为获得最佳效果，务必确保尼龙膜不被过度照射，适度照射可促进RNA上小部分碱基与尼龙膜表面带正电荷的氨基形成交联结构，而过度照射却使RNA上一部分胸腺嘧啶共价结合于尼龙膜表面，导致杂交信号减弱。

四、Western 杂交

1. 实验试剂

（1）SDS－PAGE试剂　参见第九章。

（2）Western杂交用封闭剂　5%脱脂奶粉（用TBST配制）。

（3）1×TBS缓冲液　Tris－HCl缓冲液（0.5mol/L，pH 7.6）50mL，NaCl 4.5g，加去离子水至500mL。

（4）1×TBST缓冲液　1×TBS缓冲液加0.1%的Tween－20。

（5）湿转缓冲液　48mmol/L Tris（2.375g），39mmol/L甘氨酸（11.25g），20%甲醇200mL，0.0375% SDS，加水至1000mL。

（6）His抗体　HRP标记的二抗。

（7）DAB底物显色缓冲液　100mmol/L NaCl，5mmol/L $MgCl_2$，100mmol/L Tris－HCl（pH9.5）。

（8）其他　电转液，丽春红。

2. 实验仪器与材料

电转槽，电转夹，吸量管，摇床等。

3. 实验方法

（1）SDS－PAGE电泳完成后，用适量的电转液平衡胶大约15min。

（2）根据胶的大小，剪一张同样大小的硝酸纤维素膜或PVDF膜，PVDF膜要用适量的甲醇浸泡3～5min后，转至电转液中平衡膜大约15min。

（3）用适量电转液湿润海绵垫和比胶略小的滤纸6张。

（4）按照以下顺序组装电转夹：电转夹阳极面、海绵垫、滤纸、膜、胶、滤纸、海绵垫、电转夹阴极面，用吸量管在滤纸表面慢慢滚动，以排出胶和膜之间的气泡。

（5）将电转夹放入已加入大约800mL电转液的电转槽中，在冷却的条件下100V电转60min。

（6）拆卸电转夹，可用丽春红染膜以观察转移效率（如果是预染分子量标准可直接观察），并标记膜的蛋白面。

（7）用5%脱脂牛奶封闭膜，放在水平摇床上振摇，室温60min，用封闭液稀释一抗，工作浓度大约在1μg/mL，放在水平摇床上振摇，室温至少1h或4℃过夜。

（8）回收一抗，TBST洗膜，每次大约100mL，3～5min。

（9）按照操作说明用封闭液稀释HRP标记的二抗。初次使用建议按照1∶3000稀释，以后可根据实验情况调整稀释比例。膜在二抗中于室温摇床1h。

（10）TBST洗膜3次，每次大约100mL，于摇床洗3～5min；TBS洗膜3次，每次大约100mL，于摇床洗3~5min，洗去残留的Tween-20。

（11）将膜置于底物溶液（比如：33μL BCIP/66μL NBT与10mL显色缓冲液混匀）中，显色观察并分析。

4. 技术要点

（1）电转移注意事项

①切滤纸和膜时一定要戴手套，因为手上的蛋白会污染膜。

②膜的预处理　膜漂在水面（或者甲醇液面）让液体从下通过膜上的孔渗上来以赶走膜内空气；膜彻底浸润后颜色会变深一点，任何白点或者斑都是没有完全浸润的标志，会影响转膜；最后浸没入缓冲液里平衡。

③关于电转“三明治”的组装　整个操作在转移液中进行，要不断地擀去气泡。膜两边的滤纸不能相互接触，接触后会发生短路。转移液含甲醇，操作时要戴手套，实验室要开门以使空气流通。

④确定胶的方向　如果目标蛋白小，指示剂的位置可以指示方向，但是如果蛋白大，指示剂已经跑出去了，就要留意分清胶的上下方向，切个小角是常用的方法。另外，预染的分子量标准可用以识别胶的上下方向和膜的正反面。但即使用了预染分子量标准，转移完成后还需要用针或者笔在膜上扎眼记录条带位置，以免被洗掉而无法判断结果。

⑤关于转膜时的温度　转膜时的温度比较重要，最好保持在10℃以下，Bio-Rad湿转仪可以在转膜液中放入合适的事先准备的冰袋（-70℃，多于3h），这样既可以降温又可以节约缓冲液。

（2）免疫反应注意事项

①一抗、二抗的稀释度，作用时间和温度等，对不同的蛋白要经过预实验来确定其最佳条件。

②有条件的用BSA作封闭剂，但好的脱脂奶粉封闭的效果也不错。可以使用雀巢高钙奶粉、多力精低脂奶粉、国产的三元奶粉。

③如显色采用敏感性比较高的发光检测法，加抗体（包括一抗和二抗）以后的漂洗中，可以用TBST漂洗。

五、菌落原位杂交

对分散在若干个琼脂平板上的少数菌落（100~200）进行克隆筛选时，可采用本方法。将这些菌落归并到一个琼脂主平板以及已置于第二个琼脂平板表面的一张硝酸纤维素滤膜上。经培养一段时间后，对菌落进行原位裂解。主平板应贮存于4℃直至得到筛选结果。

1. 实验材料

待检测的细菌平皿，已标记好的探针，硝酸纤维素滤膜等。

2. 实验设备

恒温烤箱，恒温水浴，台式高速离心机等。

3. 实验试剂

（1）LB固体培养基。

（2）0.5mol/L NaOH。

（3）1mol/L Tris - HCl（pH 7.4）。

（4）1.5mol/L NaCl。

（5）0.5mol/L Tris - HCl（pH 7.4）。

（6）预洗液　5×SSC，0.5%SDS，1mmol/L EDTA（pH 8.0）。

（7）预杂交液　50%甲酰胺，6×SSC（或6×SSPE），0.05×BLOTTO（甲酰胺可不用）。

（8）其余试剂　与Southern杂交相同。

4. 操作步骤

（1）将少数菌落转移到硝酸纤维素滤膜上

①在含有选择性抗生素的琼脂平板上放一张硝酸纤维素滤膜。

②用无菌牙签将各个菌落先转移至滤膜上，再转移至含有选择性抗生素但未放滤膜的琼脂主平板上。应按一定的格子进行划线接种（或打点）。每菌落应分别划线于两个平板的相同位置上。

③倒置平板，于37℃培养至划线的细菌菌落生长到0.5～1.0mm的宽度。

④用已装防水黑色绘图墨水的注射器针头穿透滤膜直至琼脂，在3个以上的不对称位置作标记。在主平板大致相同的位置上也作上标记。

⑤用Parafilm膜封好主平板，倒置贮放于4℃，直至获得杂交反应的结果。

⑥裂解细菌，按本段下面所述方法，使释放的DNA结合于硝酸纤维素滤膜上。

（2）菌落的裂解及DNA结合于硝酸纤维素滤膜

①在一张保鲜膜上制作一个装有0.5mol/L NaOH的小洼（0.75mL），使菌落面朝上，将滤膜放到小洼上，展平保鲜膜，使滤膜均匀湿润，让滤膜留于原处2～3min。

②用干纸巾从滤膜的下方吸干滤膜，用一张新的保鲜膜和新配制的0.5mol/L NaOH重复步骤①。

③吸干滤膜，将滤膜转移到新的带有1mol/L Tris - HCl（pH 7.4）的保鲜膜洼上。5min后吸干滤膜，再重复一次该步骤。

④吸干滤膜，把它转移到有1.5mol/L NaCl、0.5mol/L Tris - HCl（pH 7.4）的保鲜膜小洼上，5min后吸干滤膜，转移到一张干的滤纸上，置于室温20～30min，使滤膜干燥。

⑤将滤膜夹在两张干的滤纸之间，在真空烤箱中于80℃干烤2h，固定DNA。

（3）杂交

①盛有2×SSC的塑料盘，将干烤的滤膜飘浮在液面上，彻底浸湿5min。

②将滤膜转到200mL预洗液的玻璃皿中。滤膜合叠在一起，放于溶液中。用保鲜膜盖住玻璃皿，放到位于培养箱内的旋转平台上，于50℃处理30min。在这一步及以后的所有步骤中，应缓缓摇动滤膜，防止它们粘在一起。

③用泡过预洗液的吸水棉纸轻轻地从膜表面拭去细菌碎片，以降低杂交背景而不影响阳性杂交信号的强度和清晰度。

④将滤膜转到盛有150mL预杂交液的玻璃中，在适宜温度（即在水溶液中杂交时

用68℃，而在50%甲酰胺中杂交时用42℃）下，预杂交1~2h。

⑤将^{32}P标记的双链DNA探针于100℃加热5min，迅速置于冰浴中。单链探针不必变性。将探针加到杂交袋中杂交过夜。杂交期间，盛滤膜的容器应盖严，以防液体蒸发。

⑥杂交结束后，去除杂交液，立即于室温把滤膜放入大体积（300~500mL）的2×SSC和0.1% SDS溶液中，轻轻振摇5min，并将滤膜至少翻转一次。重复洗一次，同时应避免膜干涸。

⑦68℃用300~500mL 1×SSC和0.1% SDS溶液洗膜两次，每次1~1.5h。此时可进行放射自显影。如背景很高或实验要求严格的洗膜条件，可用300~500mL 0.2×SSC和0.1% SDS的溶液于68℃将滤膜浸泡60min。

⑧把滤膜放在纸巾上于室温晾干后，把滤膜（编号面朝上）放在一张保鲜膜上，并在保鲜膜上做几个不对称的标记，以使滤膜与放射性自显影片位置对应。

⑨用第二张保鲜膜盖住滤膜。加X光片并加上增感屏于-70℃曝光12~16h。

⑩底片显影后，在底片上贴一张透明硬纸片。在纸上标记阳性杂交信号的位置，同时在不对称分布点的位置上做出标记。可从底片上取下透明纸，通过对比纸上的点与琼脂上的点来鉴定阳性菌落。

六、斑点杂交

斑点杂交是指将DNA或RNA样品直接点在硝酸纤维素滤膜上，然后与核酸探针分子杂交，以显示样品中是否存在特异的DNA或RNA。同一种样品经不同倍数的稀释，还可以得到半定量的结果。所以它是一种简便、快速、经济的分析DNA或RNA的方法，在基因分析和基因诊断中经常用到，是研究基因表达的有力工具。但由于目的序列未与非目的序列分离，不能了解目的序列的长度。尤其当本底干扰较高时，难以区分目的序列信号和干扰信号。

1. 实验材料

待分析的DNA或RNA样品，已标记的探针，硝酸纤维素滤膜，滤纸。

2. 实验设备

狭槽点样器，真空泵，恒温水浴，真空烤箱等。

3. 实验试剂

100% 甲酰胺，37% 甲醛，20×SSC，0.1mol/L NaOH 等。

4. 操作步骤

（1）10μL样品与20μL 100%甲酰胺、7μL 37%甲醛、2μL 20×SSC混合，置于68℃，15min后置冰浴中。

（2）用0.1mol/L NaOH清洗点样器，再用无菌水充分冲洗。将一张经20×SSC浸润的滤纸铺在点样器上，上面再铺上一张经20×SSC浸润1h的硝酸纤维素滤膜，加盖并夹紧，接通真空泵。

（3）用10×SSC清洗各样孔。在每一样品中加两倍体积的2×SSC，混合后加样于孔中。外围几个孔中加2μL染料定位，缓慢抽吸。每孔用1mL 10×SSC清洗两次，继续抽吸 5min，吸干滤膜。

（4）取出滤膜，夹在两张滤纸中间，80℃真空烘干 2 h。按上述 Southern 杂交或 Northern 杂交所述的方法与放射性标记探针杂交。

5. 注意事项

（1）在放射自显影时应注意滤膜必须干燥，并覆盖上保鲜膜，否则，滤膜将与 X 光片粘在一起，使以后的操作困难。

（2）在杂交过程中，整个滤膜应一直是湿润的，不得干涸。

七、杂交反应的条件及参数的优化

不同的反应条件对杂交结果的影响如下。

（1）根据杂交液的体积确定杂交的时间　一般来说使用较小体积的杂交液比较好，因为在小体积溶液中，核酸重新配对的速度快、探针用量少，从而使滤膜上的 DNA 在反应中起主要作用。但在杂交中必须保证有足够的杂交溶液覆盖杂交膜。

（2）根据所用的杂交溶液确定杂交的温度　一般来说，杂交相为水溶液时，则在 68℃杂交；而在 50% 甲酰胺溶液中时，则在 42℃下杂交。

（3）选用不同的封闭试剂　如 Denhardt′s 试剂、肝素，或一种由 5% 脱脂奶粉组成的 BLOTTO，这些试剂中需加入断裂的鲑鱼精子 DNA 或酵母 DNA，并和 SDS 一起使用。与 Denhardt's 试剂相比，BLOTTO 价格便宜，使用方便，同样可获得满意的结果，但它不能用于 RNA 杂交。一般而言，尼龙膜用 Denhardt's 试剂比用 BLOTTO 能得到更高的信噪比。对硝酸纤维素滤膜而言，通常在预杂交溶液和杂交溶液中都含有封闭剂；但是对尼龙膜，经常从杂交溶液中省去封闭剂，因为高浓度的蛋白质会干扰探针和目的基因的退火。

（4）根据需要在杂交过程中选用不同的振荡方法和程度　许多杂交膜一起反应时，连续的轻微振荡可获得较好的杂交结果。

（5）在杂交过程中加入其他化合物　如反应体系中加入 10% 硫酸葡聚糖或 10% PEG，杂交速度可增加约 10 倍。检测稀有序列时常用该方法，但它们有时会导致本底较高，并由于溶液的黏稠性而使操作困难。因此，除非在滤膜上含有的目的 DNA 量很少，或放射性探针的量有限，一般不用硫酸葡聚糖或 PEG。

（6）根据探针与被检测目标之间的同源程度选择清洗的程度　如具有很高的同源性，可选用严紧型洗脱方式（高浓度 SSC），反之则选用非严紧型洗脱方式（低浓度 SSC）。洗脱通常在低于杂交体解链温度 12～20℃的条件下进行。解链温度（T_m）是指在双链 DNA 或 RNA 分子变性形成分开的单链时光吸收值增加的中点处温度。通常富含 G + C 碱基对序列比富含 A + T 碱基对序列的 T_m 温度高。

（7）根据标记探针的浓度及其比活性选择不同的杂交条件及检测方法　一般使用新的同位素可获得较强的信号。在水溶液中杂交时，用 6 × SSC 或 6 × SSPE 溶液的效果都一样；但在甲酰胺溶液中杂交时，应该用具有更强缓冲能力的 6 × SSPE。

上述这些条件的改变，对杂交的结果有不同的影响，应根据研究的具体情况，选用适当的方法。

思考题

1. 核酸探针的标记方法有哪些？
2. 要获得好的杂交结果，需注意哪些因素？
3. 如果放射自显影后，X光片背景很黑，请分析原因及写出预防措施。
4. Western 杂交中转膜过程的作用是什么？
5. Western 杂交结果不理想的原因都有哪些？如何避免？

第十二章　RFLP 和 RAPD 技术

DNA 分子水平上的多态性检测技术是进行基因组研究的基础。RFLP（restriction fragment length polymorphism，限制片段长度多态性）已被广泛用于基因组遗传图谱构建、基因定位以及生物进化和分类的研究。RFLP 是根据不同品种（个体）基因组的限制性内切酶的酶切位点碱基发生突变，或酶切位点之间发生了碱基的插入、缺失，导致酶切片段大小发生了变化，这种变化可以通过特定探针杂交进行检测，从而可比较不同品种（个体）DNA 水平的差异（即多态性），多个探针的比较可以确立生物的进化和分类关系。所用的探针为来源于同种或不同种基因组 DNA 的克隆，位于染色体的不同位点，从而可以作为一种分子标记（Marker），构建分子图谱。当某个性状（基因）与某个（些）分子标记协同分离时，表明这个性状（基因）与分子标记连锁。分子标记与性状之间交换值的大小，即表示目标基因与分子标记之间的距离，从而可将基因定位于分子图谱上。分子标记克隆在质粒上，可以繁殖及保存。不同限制性内切酶切割基因组 DNA 后，所切的片段类型不一样，因此，限制性内切酶与分子标记可以组成不同组合进行研究。常用的限制性内切酶一般是 *Hin*d Ⅲ、*Bam*H Ⅰ、*Eco*R Ⅰ、*Eco*R Ⅴ、*Xba* Ⅰ，而分子标记则有几个甚至上千个。分子标记越多，则所构建的图谱就越饱和，构建饱和图谱是 RFLP 研究的主要目标之一。

运用随机引物扩增寻找多态性 DNA 片段可作为分子标记。这种方法即为 RAPD（random amplified polymorphic DNA，随机扩增的多态性 DNA）。尽管 RAPD 技术诞生的时间很短，但由于其独特的检测 DNA 多态性的方式以及快速、简便的特点，使这个技术已渗透于基因组研究的各个方面。RAPD 技术建立于 PCR 技术的基础上，它是利用一系列（通常数百个）不同的随机排列碱基顺序的寡聚核苷酸单链（通常为十聚体）为引物，对所研究基因组 DNA 进行 PCR 扩增。应用聚丙烯酰胺或琼脂糖电泳进行分离，经 EB 染色或放射性自显影来检测扩增产物 DNA 片段的多态性，这些扩增产物 DNA 片段的多态性反映了基因组相应区域的 DNA 多态性。RAPD 所用的一系列引物 DNA 序列各不相同，但对于任一特异的引物，它同基因组 DNA 序列有其特异的结合位点。这些特异的结合位点在基因组某些区域内的分布如符合 PCR 扩增反应的条件，即引物在模板的两条链上有互补位置，且引物 3′端相距在一定的长度范围之内，就可扩增出 DNA 片段。因此如果基因组在这些区域发生 DNA 片段插入、缺失或碱基突变，就可能导致这些特定结合位点的分布发生相应的变化，而使 PCR 产物增加、缺少或发生相对分子质量的改变。通过对 PCR 产物检测即可检出基因组 DNA 的多态性。分析时可用的引物数很大，虽然对每一个引物而言其检测基因组 DNA 多态性的区域是有限的，但是利用一系列引物则可以使检测区域几乎覆盖整个基因组。因此 RAPD 可以对整个基因组 DNA 进行多态性检测。另外，RAPD 片段克隆后可作为 RFLP 的分子标记进行作图分析。

一、RFLP 技 术

1. 实验材料

基因组 DNA（大于 50kb，分别来自不同的材料）。

2. 实验设备

电泳仪及电泳槽，照相用塑料盆 5 只，玻璃或塑料板（比胶块略大）4 块，吸水纸若干，尼龙膜（依胶大小而定），滤纸，EP 管（0.5mL）若干。

3. 实验试剂

（1）限制性内切酶（*Bam*H Ⅰ，*Eco*R Ⅰ，*Hin*dⅢ，*Xba* Ⅰ）及 10 × 酶切缓冲液。

（2）5 × TBE 电泳缓冲液（1L） 54g Tris，27.5g 硼酸，2.93g EDTA，用蒸馏水溶解后，调 pH 至 8.0，定容至 1000mL，室温保存。

（3）变性液 0.5mol/L NaOH，1.5mol/L NaCl。

（4）中和液 1mol/L Tris - HCl，pH 7.5，1.5mol/L NaCl。

（5）10 × SSC（1L） 87.7g NaCl，44.1g 柠檬酸钠，NaOH 调节 pH 至 7.0。

（6）其他试剂 0.4mol/L NaOH，0.2mol/L Tris - HCl，2 × SSC（pH 7.5），ddH_2O，琼脂糖 0.8%，0.25mol/L HCl。

4. 操作步骤

（1）基因组 DNA 的酶解

①大片段 DNA 的提取详见基因组 DNA 提取实验，要求提取的 DNA 分子质量大于 50kb，没有降解。

②在 50μL 反应体系中加入：

基因组 DNA	5μg
10 × 酶切缓冲液	5μL
限制性内切酶（任意一种）	20U
加 ddH_2O	至 50μL

③轻微振荡，离心，37℃反应过夜。

④取 5μL 反应液，0.8% 琼脂糖电泳观察酶切是否彻底，这时不应有大于 30kb 的明显亮带出现。

（2）Southern 转移及杂交

①酶解的 DNA 经 0.8% 琼脂糖凝胶电泳（可 18V 过夜）后 EB 染色观察。

②将凝胶块浸没于 0.25mol/L HCl 中脱嘌呤 10min。

③取出胶块，蒸馏水漂洗，转至变性液变性 45min。经蒸馏水漂洗后转至中和液中和 30min。

④预先将尼龙膜、滤纸浸入水中，再浸入 10 × SSC 中，将一玻璃板架于盆中，铺一层滤纸（桥），然后将胶块反转放置，盖上尼龙膜，上覆两层滤纸，再加盖吸水纸，压上半公斤重物，以 10 × SSC 盐溶液吸印，维持 18 ~ 24h。也可用电转移或真空转移。

⑤取下尼龙膜，0.4mol/L NaOH 溶液处理 30s，迅速转至 0.2mol/L Tris - HCl、pH

7.5 的 2×SSC 溶液中，5min。

⑥将膜夹于两层滤纸内，80℃真空干燥 2h。

⑦探针的制备和杂交详见第十一章分子杂交部分。

5. 注意事项

①基因组 DNA 酶解时，未酶切的 DNA 要防止发生降解，酶切反应一定要彻底。

②Southern 转移及杂交时步骤②中脱嘌呤时间不能过长。步骤②、③、⑥、⑦均在摇床上进行操作。

③Southern 转移及杂交时步骤④中，当尼龙膜覆于胶上时，绝对防止胶与膜之间有气泡发生，加盖滤时也不应有气泡发生。

④有时用一种限制性内切酶不能发现 RFLP 的差异，这时应该试用另一种酶。

二、RAPD　技　术

1. 实验材料

不同来源的 DNA（50ng/μL）。

2. 实验设备

PCR 仪，PCR 管或硅化的 0.5mL EP 管，电泳装置。

3. 实验试剂

（1）随机引物（10 聚体）（5μmol/L）　购买成品。

（2）PCR 相关试剂　购买成品。

4. 操作步骤

（1）在 25μL 反应体系中，加入：

模板 DNA	1μL（50ng）
随机引物	1μL（约 5pmol）
10×PCR 缓冲液	2.5μL
$MgCl_2$	2μL
dNTP	2μL
Taq 酶	1U
加 ddH_2O	至 25μL

混匀稍离心，加一滴矿物油。

（2）在加热至 90℃以上的 PCR 仪中预变性 94℃ 2min，然后循环：94℃ 1min，36℃ 1min，72℃ 1min，共 40 轮循环。

（3）循环结束后，72℃ 10min，4℃保存。

（4）取 PCR 产物 15μL，加 3μL 上样缓冲液（6×）于 2% 琼脂糖胶上电泳，稳压 50～100V（电压低，带形整齐，分辨率高）。

（5）电泳结束，观察、拍照。

5. 注意事项

（1）电泳时一般 RAPD 带有 5～15 条，大小 0.1～2.0 kb。

（2）特异性的 DNA 带可以克隆作为一个新的分子标记应用。

思考题

1. RFLP 实验中 DNA 酶切反应不彻底会有何结果？DNA 发生降解有何影响？
2. 随机引物扩增，为什么会产生 DNA 双链产物？

第十三章　EMSA 实验方案

凝胶迁移或电泳迁移率实验（electrophoretic mobility shift assay，EMSA）是一种研究 DNA 结合蛋白和其相关的 DNA 结合序列相互作用的技术，可用于定性和定量分析。这一技术最初用于研究 DNA 结合蛋白，目前已用于研究 RNA 结合蛋白和特定的 RNA 序列的相互作用。通常将纯化的蛋白和细胞粗提液与^{32}P同位素标记的 DNA 或 RNA 探针一同孵育，在非变性的聚丙烯酰胺凝胶电泳上，分离复合物和非结合的探针。DNA - 复合物或 RNA - 复合物比非结合的探针移动得慢。同位素标记的探针依研究的结合蛋白的不同，可以是双链或者是单链。当检测如转录调控因子一类的 DNA 结合蛋白时，可用纯化蛋白、部分纯化蛋白，或核细胞抽提液。在检测 RNA 结合蛋白时，依据目的 RNA 结合蛋白的位置，可用纯化或部分纯化的蛋白，也可用核或胞质细胞抽提液。竞争实验中采用含蛋白结合序列的 DNA 或 RNA 片段和寡核苷酸片段（特异），和其他非相关的片段（非特异），来确定 DNA 或 RNA 结合蛋白的特异性。在竞争的特异和非特异片段的存在下，依据复合物的特点和强度来确定特异结合。

EMSA 的原理如图 13 - 1 所示。

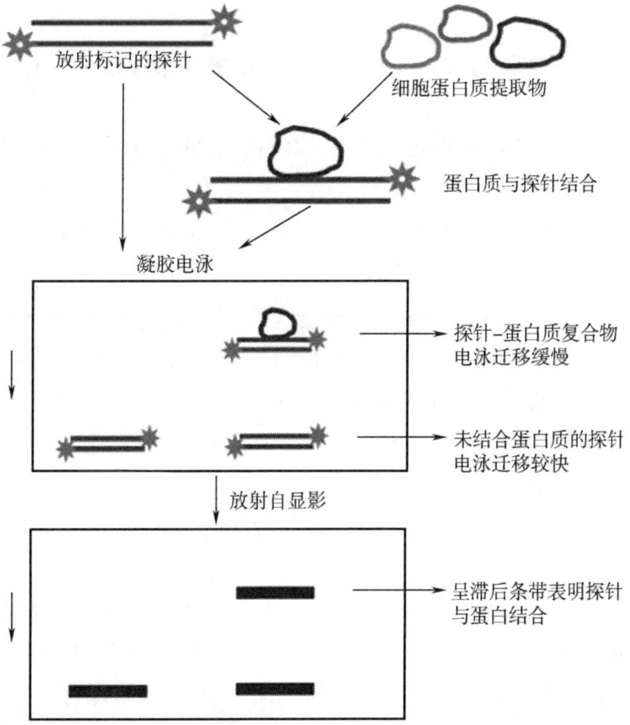

图 13 - 1　EMSA 原理示意

一、实验试剂

1. 原核生物中进行外源蛋白诱导，外源蛋白提取、纯化和浓缩所用试剂

（1）LB 液体培养基（低盐）　蛋白胨 10g，酵母粉 5g，NaCl 5g，用蒸馏水溶解后，调 pH 至 7.3，定容至 1000mL，室温保存。

（2）1mol/L IPTG（异丙基硫代 $-\beta-$ D－半乳糖苷）　IPTG 2.383g，用蒸馏水溶解后，定容到 10mL，用 0.22μm 滤膜过滤除菌，分装于 1.5mL 离心管中，－20℃冻存。

（3）1×PBS（pH 7.4）　NaCl 8.2g，KCl 0.2g，Na_2HPO_4 0.24g，用蒸馏水溶解后，定容到 1000mL，室温保存。

（4）缓冲液 I　$NaH_2PO_4 \cdot 2H_2O$ 1.48g，$Na_2HPO_4 \cdot 12H_2O$ 14.5g，NaCl 29.3g，用蒸馏水溶解后，调 pH 至 7.4，定容至 1000mL，室温保存。

（5）缓冲液 II　$NaH_2PO_4 \cdot 2H_2O$ 0.74g，$Na_2HPO_4 \cdot 12H_2O$ 7.25g，NaCl 14.7g，咪唑 17g，用蒸馏水溶解后，调 pH 至 7.4，定容至 500mL，室温保存。

（6）Triton X－100　室温保存。

（7）缓冲液 2　咪唑浓度 20mmol/L，96mL 缓冲液 I 加 4mL 缓冲液 II，充分混匀，室温保存。

（8）缓冲液 3　咪唑浓度 50mmol/L，90mL 缓冲液 I 加 10mL 缓冲液 II，充分混匀，室温保存。

（9）缓冲液 4　咪唑浓度 100mmol/L，80mL 缓冲液 I 加 20mL 缓冲液 II，充分混匀，室温保存。

（10）缓冲液 5　咪唑浓度 200mmol/L，60mL 缓冲液 I 加 40mL 缓冲液 II，充分混匀，室温保存。

（11）缓冲液 6　咪唑浓度 300mmol/L，40mL 缓冲液 I 加 60mL 缓冲液 II，充分混匀，室温保存。

（12）缓冲液 7　咪唑浓度 400mmol/L，20mL 缓冲液 I 加 80mL 缓冲液 II，充分混匀，室温保存。

（13）4mol/L NaCl　NaCl 23.4g，用蒸馏水溶解后，定容至 100mL，室温保存。

（14）超滤缓冲液　母液 1——0.2mol/L Gly（甘氨酸）：1.54g Gly，用蒸馏水溶解后，定容至 100mL，4℃保存；母液 2——0.2mol/L NaOH：取 0.8g NaOH，用蒸馏水溶解后，定容至 100mL，4℃保存。取 50mL 母液 1 加 6mL 母液 2，调 pH 至 8.8，用蒸馏水定容至 200mL，4℃保存。

（15）5μg/μL 溶菌酶　从 100μg/μL 的储存液取 50μL，用 MilliQ 水定容到 1mL，4℃保存。

2. SDS－PAGE 蛋白检测所用试剂（适用于分子质量在 10ku 以上的蛋白分子）

（1）30% 丙烯酰胺（质量体积分数）　Acr（丙烯酰胺）29.2g，Bis（亚甲基双丙烯酰胺）0.8g，用蒸馏水溶解后，定容至 100mL，过滤，4℃保存。

（2）10% SDS（十二烷基磺酸钠）　10g SDS 用蒸馏水溶解后，定容至 100mL，过滤，室温备用。

（3）1.5mol/L Tris－HCl（pH 8.8）　Tris（三羟甲基氨基甲烷）18.2g，用蒸馏水溶解后，调 pH 值至 8.8，定容至 100mL，4℃保存。

（4）1mol/L Tris－HCl（pH 6.8）　Tris 121.1g，用蒸馏水溶解后，调 pH 至 6.8，定容至 100mL，4℃保存。

（5）10% AP（过硫酸铵）　AP 0.1g，用蒸馏水溶解后，定容至 1mL，4℃保存，但时间不宜超过一周。

（6）TEMED（四甲基乙二胺）　Bio－Rad 公司（美国）产品，4℃保存。

（7）1mol/L DTT（二硫苏糖醇）　DTT 0.154g，用蒸馏水溶解后，定容至 1mL，－20℃冻存。

（8）2×SDS－PAGE 上样缓冲液　1mol/L Tris－HCl（pH 6.8）5mL，1mol/L DTT 0.1mL，SDS 2g，溴酚蓝 0.1g，甘油 10mL，用蒸馏水溶解后，定容至 50mL，分装于 1.5mL 离心管中，4℃保存，使用时按等体积加入。

（9）1×SDS－PAGE 电极缓冲液（pH 8.3）　Tris 3.0g，Gly 14.4g，SDS 1g，用蒸馏水溶解后，定容至 1000mL，室温保存。

（10）脱色液　无水乙醇 100mL，HAc（乙酸）100mL，用蒸馏水溶解后，定容至 1000mL，室温保存。

（11）考马斯亮蓝 R－250 染色液　考马斯亮蓝 R250 5g 在 500mL 脱色液中溶解，过滤，用棕色瓶在室温保存。

3. EMSA 检测所用试剂

（1）5×TBE　Tris 54g，硼酸 27.5g，EDTA 2.93g，用蒸馏水溶解后，调 pH 至 8.0，定容至 1000mL，室温保存。

（2）0.5×TBE　取 5×TBE 100 mL，用蒸馏水稀释至 1000mL，室温保存。

（3）Gly－NaOH 缓冲液　即超滤 Buffer。

（4）1mol/L KCl　－20℃冻存。

（5）0.1mol/L DTT　取 1mol/L DTT 0.1mL，用蒸馏水稀释至 1mL，－20℃冻存。

（6）0.1% BSA（牛血清白蛋白）　－20℃冻存。

（7）5μg/μL BSA　取 BSA 5mg，用蒸馏水溶解后，定容至 1mL，分装在 1.5mL 离心管中，－20℃冻存。

（8）5×上样缓冲液　EMSA 检测试剂盒提供，4℃保存。

（9）封闭液　EMSA 检测试剂盒提供，4℃保存。

（10）4×洗涤液　EMSA 检测试剂盒提供，4℃保存，使用时用 MilliQ 水4 倍体积稀释。

（11）底物平衡缓冲液　EMSA 检测试剂盒提供，4℃保存。

（12）稳定过氧化氢溶液　EMSA 检测试剂盒提供，4℃保存。

（13）鲁米诺/增强溶液　EMSA 检测试剂盒提供，4℃保存。

（14）显影液　使用上海冠龙照相器材公司的 D76 显影粉，将小袋内药粉溶解于约 50℃的 750mL 蒸馏水中，搅动至完全溶解之后，再将大袋内药粉倒入，继续搅动使之完全溶解，加水定容至 1000mL，避光，于棕色瓶中室温保存。

（15）定影液　使用上海冠龙照相器材公司的酸性定影粉，准备20℃左右的800mL蒸馏水，将药粉缓缓倒入，搅拌使之完全溶解，加水定容至1000mL，避光，于棕色瓶中室温保存。

4. 部分需购买试剂

pET－32a（＋）载体（Novagen），溶菌酶（BBI），Ni－NTA Sefinose™ 6 快流速凝胶柱（BBI），咪唑（BBI），超滤管（Millipore），生物素标记探针合成（SBS），Light-Shift 化学发光 EMSA 试剂盒（Pierce）。

二、操作步骤

1. SDS－PAGE 检测目的蛋白（分子质量10ku以上）

（1）按下列配方配制终浓度为15%的SDS－PAGE 聚丙烯酰胺凝胶

下层胶（5mL）	
蒸馏水	1.1mL
30%丙烯酰胺	2.5mL
1.5mol/L Tris－HCl（pH 8.8）	1.3mL
10% SDS	50μL
10%过硫酸铵（AP）	50μL
TEMED	2μL
上层胶（2mL）	
蒸馏水	1.4mL
30%丙烯酰胺	0.33mL
1.0mol/L Tris－HCl（pH 6.8）	0.25mL
10% SDS	20μL
10%过硫酸铵（AP）	20μL
TEMED	2μL

（2）用自来水、蒸馏水分别冲洗玻璃板，用酒精棉球擦净玻璃板后，将其晾干。

（3）将晾干的玻璃板装配好，固定在电泳架上，加入4～4.5mL的下层胶，再在下层胶的液面以上加无水乙醇封闭，静置20～30min，待胶完全凝固以后将乙醇倒出，用蒸馏水清洗下层胶面，最后用滤纸条将水吸干。

（4）加入约1.5mL的上层胶，插好梳子。待上层胶完全凝固后，轻轻将梳子拔下，拆除其他配件，将其安装到电极支架上，将电极支架装配到电泳槽上。

（5）用蒸馏水轻轻冲洗梳子孔，用微量注射器将梳子孔中的水吸出，再用滤纸将剩余的水吸干。用微量进样器将蛋白样品和相对分子质量标准依次加入到梳子孔中，在未加样的梳孔中加入1×上样缓冲液（将2×上样缓冲液用蒸馏水等体积稀释）。

（6）装配好电极，在恒压60V条件下，使样品条带走出上层胶，然后将电压升到100V，恒压。当溴酚蓝条带接近玻璃板下缘时，停止电泳，关闭电源。

（7）卸下玻璃板，用蒸馏水将玻璃板上的气泡冲洗干净，再将薄玻璃板小心地撬下，用手术刀将凝胶的边缘小心地同厚玻璃板的突出部划分开，轻轻地将凝胶的一角剥离，使其能够自然下垂，直至完全落到准备好的装有染色液的大培养皿中，置于摇床上振荡染色 1h。

（8）染色完毕的凝胶，将染色液回收，用自来水及蒸馏水清洗凝胶洗去浮色，在大培养皿中倒入脱色液振荡脱色。这期间换液数次，直到背景完全无色为止。

（9）弃去脱色液，用自来水及蒸馏水清洗凝胶，将凝胶用保鲜膜封好后，使用扫描仪对电泳结果进行扫描分析。

2. 在大肠杆菌中进行外源蛋白的低温诱导表达

（1）将菌种液以 1/100（体积比）比例接在 10mL 含 Amp、Cm（氯霉素）的 LB 液体培养基中（低盐），于摇床中 37℃ 250r/min，培养过夜。

（2）次日，将菌液转入 250mL LB 培养液（低盐）中，再加入 280μL Amp、280μL Cm、20mL 25% 葡萄糖注射液（终浓度 1.79%）。于摇床中 37℃ 250r/min 振荡培养至 OD_{600} 为 0.8 ~ 1.0。

（3）达到所需 OD 值后，将培养液冰浴 30 ~ 60min 降温。取样 1mL 菌液于 1.5mL EP 管中，记为“诱导前”。

（4）向培养液中加入 IPTG 使其终浓度达到 0.2mmol/L，在 16℃诱导外源蛋白的表达（具体诱导时间的长短可事先进行小量表达摸索，使蛋白表达量最高）。

（5）将“诱导前”菌液室温 12000r/min，离心 2min，弃上清，收集菌体。

（6）加入 1 × PBS 30μL 重悬沉淀，加入等体积的 2 × 上样缓冲液，充分混匀，冻存于 -20℃，待 PAGE 检测用。

（7）诱导表达结束后，取样 1mL 菌液于 1.5mL 离心管中，记为“诱导后”。其余菌液 4℃ 5000r/min，离心 15min 收集菌体。

（8）用 30 ~ 40mL 预冷的 1 × PBS 重悬沉淀，振荡均匀后，5000r/min 离心 20min 收集菌体，弃去 PBS 残液后称湿重。

（9）将“诱导后”菌液室温 12000r/min，离心 2min，弃上清，收集菌体。

（10）加入 1 × PBS 60μL 重悬沉淀，加入等体积的 2 × 上样缓冲液，充分混匀，冻存于 -20℃，待 PAGE 检测用。

3. 外源蛋白的提取和纯化

（1）按 1/10（质量体积分数）比例加入特定的结合缓冲液重悬菌体。按 1/1000 ~ 1/500（质量体积分数）比例加入 5μg/μL 溶菌酶，于冰水浴中搅拌作用 20 ~ 40min。然后，于冰水浴中，用超声破碎仪破碎菌体（功率：120 ~ 150W，工作 1s，间隔 1s）。

（2）破碎菌体之后，4℃ 12000r/min，离心 50min，收集上清。

（3）准备 Ni - NTA 琼脂糖珠悬液，用 5 ~ 10 倍体积水冲洗后，再用 8 倍体积预冷过的特定的结合缓冲液冲洗，最后平衡在结合缓冲液中。

（4）离心收集的上清经 0.45μm 滤膜过滤处理后，置于冰水浴环境下以确保蛋白质稳定。以 1mL/min 的流速直接过 Ni - NTA 柱，为保证与 Ni 柱的结合量，可以重复上样，收集流出液。

（5）用 10 ~ 15 倍体积冰水浴过的特定的漂洗缓冲液漂洗，用不同浓度梯度的洗脱缓冲液进行梯度洗脱，每个梯度各 5 ~ 8mL，分别收集在不同的离心管中。

（6）纯化过程中的“上清”“流出液”“漂洗液”，以及各个梯度的“洗脱液”分别取样20μL，加入等体积的2×上样缓冲液，充分混匀，冻存于-20℃，待PAGE检测用。

4. 外源蛋白的浓缩和更换缓冲体系

（1）对收集的纯化样品，经SDS-PAGE电泳检测，挑选出符合要求的样品。

（2）选用截流量为目的蛋白分子质量1/6~1/3的Millipore 30ku超滤管进行浓缩，更换缓冲体系。

①纯的样品用Millipore 30ku超滤管4℃ 5000r/min离心20~50min浓缩（每次离心需使内管液面降至膜顶端方可继续加入样品，否则需延长离心时间）。

②每次浓缩后弃去外管中的滤出液，在内管中继续加入样品，用200μL微量进样器轻轻吹打混匀，保证滤膜的通透。当浓缩过程中出现蛋白质沉淀时，及时加入4mol/L NaCl溶液，轻轻吹打，防止沉淀进一步产生。

③全部样品加样完毕后，4℃ 5000r/min离心浓缩直至内管液面降至500μL标线处，开始更换体系。

④当目的蛋白分子量较小，没有合适的超滤管时，将样品置于50mL离心管中，除去管盖，用封口膜封口，在膜上扎小孔通气。

⑤将离心管置于液氮中冷冻充分，使用真空干燥仪将样品干燥成粉末。

⑥将样品粉末溶解在500μL MilliQ水中，置于超滤管内管中开始更换体系。

（3）用超滤缓冲液更换缓冲体系4次，每次4℃ 5000r/min离心，直至内管液面降至500μL标线处才开始下一次更换。

（4）更换缓冲体系4次结束后，用Bradford法定量测定蛋白浓度（若浓度太低可以继续离心浓缩）。

（5）当达到所需的浓度后将更换体系完毕的蛋白浓缩液分装于0.5mL EP管中，等体积加入80%甘油，温柔地混匀充分后，贮存于-20℃。

5. Bradford法定量测定蛋白浓度

（1）将蛋白浓缩液用Bradford比色法测定蛋白含量。

（2）准备BSA的不同梯度溶液，紫外分光光度计上测定OD_{595}，绘制标准曲线。

（3）蛋白浓缩液10μL + Bradford试剂90μL，充分混匀，室温下静置5min。

（4）测量浓缩液样品的OD_{595}，从BSA的标准曲线上确定待测样品的浓度。

6. EMSA检测

（1）用自来水、MilliQ水分别清洗PAGE胶板、槽、电泳架、转膜夹、转膜架，晾干，待第二天EMSA实验用。

（2）将晾干的玻璃板装配好，固定在电泳架上，按如下配方配制EMSA凝胶（浓度5%，厚1mm，约6mL用量），加入凝胶，插好梳子，于4℃凝胶2h：

MilliQ水	4.23mL
30%丙烯酰胺	1mL
5×TBE	0.6mL
10%过硫酸铵（AP）	64μL

纯甘油	120μL
TEMED	11μL

（3）待完全凝固后，轻轻将梳子拔下，拆除其他配件，将其安装到电极支架上，将电极支架装配到内电泳槽上，在内外电泳槽中加入 0.5×TBE 溶液，恒电压 100V 预电泳 30～60min。

（4）配制待测的 EMSA 检测体系，总体积 10μL。

注意：加入蛋白之后轻轻混匀，离心机甩一下，室温下放置 5min 之后，再加入标记的探针，轻轻混匀，离心机甩一下，室温下放置 20min 使两者结合充分。

（5）每个反应体系中分别加入 5×上样缓冲液 2.5μL，混匀。

（6）预电泳结束后，将电极支架从电泳槽中取出，用 MilliQ 水轻轻冲洗梳子孔，用微量注射器将梳子孔中的水吸出，再用滤纸将剩余的水吸干。用微量进样器将反应样品（12.5μL）依次加入到梳子孔中，在未加样的梳孔中加入 1×上样缓冲液（将 5×上样缓冲液用 MilliQ 水 5 倍体积稀释）。

（7）在恒压 70V 的条件下电泳，当溴酚蓝走到胶的 2/3～3/4 的位置时停止电泳。

（8）电泳的同时，准备 EMSA 检测用的膜以及滤纸（上下 2 组，每组 12 层），裁剪成合适大小。膜在 0.5×TBE 中至少浸泡 20min。滤纸仅一半泡在 0.5×TBE 中，利用毛细作用使滤纸充满 0.5×TBE 溶液。

（9）电泳结束后卸下玻璃板，用 MilliQ 水将玻璃板上的气泡冲洗干净，再将薄玻璃板小心地撬下，用手术刀将凝胶的边缘小心地同厚玻璃板的突出部分分开，将凝胶切割成合适大小，转移到转膜夹中，顺序为：转膜夹阴极，海绵垫，12 层滤纸，凝胶，EMSA 检测用的膜，12 层滤纸，海绵垫，转膜夹阳极。

（10）用玻璃棒轻轻滚动以挤出所有气泡，扣紧转膜夹，将其安装在电转仪槽中，槽内外注满 0.5×TBE 溶液，同时将电转仪槽置于冰水浴中，恒流 250mA 转移 2h。

（11）转膜结束后，取出膜，在滤纸上沥干。用保鲜膜包上之后，将有样品附着的一面朝下，在 UV（长波 354nm）下铰链 10min。同时，将封闭液，1×洗涤液（将 4×洗涤液用 MilliQ 水 4 倍体积稀释）在 37℃温育，溶解沉淀。

（12）在培养皿中加入封闭液 6mL，铰链结束之后取出膜，将有样品附着的一面向上，浸入其中，以 50r/min 的速度，在摇床上封闭 15min。

（13）用微量进样器吸去皿中的封闭液，加入新鲜封闭液 6mL。同时，按 1∶300（体积比）的比例加入亲和素标记过的辣根过氧化酶（由 EMSA 检测试剂盒提供）20μL，混合均匀。在膜上有样品附着的一面上反复淋洗几次后，以 50r/min 的速度，在摇床上孵育 15min。

（14）孵育结束后，将膜在滤纸上沥干。换新皿，加入 1×洗涤液 6mL，将膜浸入其中，以 50r/min 的速度，在摇床上漂洗 5min。

（15）用微量进样器吸走皿中的 1×洗涤液，加入新鲜的 1×洗涤液 6mL，在摇床上漂洗 5min，如此重复 3 次。

（16）漂洗结束之后，将膜在滤纸上沥干。取新皿，加入底物平衡缓冲液 10mL，将膜浸入其中，以50r/min的速度，在摇床上平衡5min（底物平衡缓冲液相对疏水，可以先反复将其浇淋到膜上，再轻轻按压膜使其浸入液面下。视具体情况可以多加一些以保证膜浸泡在其中）。

（17）平衡的同时准备片夹、空皿、稳定过氧化氢溶液（底物液）、鲁米诺/增强溶液（显色液），以及洗胶片用的显影液、定影液。以下操作均在暗室中进行。

（18）将盛有底物平衡缓冲液和膜的皿拿进暗室，取出膜在滤纸上沥干。在干净的皿中，加入稳定过氧化氢溶液1mL和鲁米诺/增强溶液1mL，混合均匀之后，将膜上有样品附着的一面朝下，浸入混合液中，放置3min。

（19）将膜上有样品附着的一面朝上，用混合液在膜上反复淋洗2min，使反应充分。

（20）将膜从混合液中取出，在滤纸上沥干后用保鲜膜包上，放入片夹开始压片感光。时间梯度为10s，20s，30s，1min，2min，5min，10min。然后置于显影液中显影5min，取出并在自来水中稍加漂洗后，置于定影液中定影10min。

（21）将胶片从定影液中取出，在自来水中冲洗干净，将其晾干。

（22）将胶片扫描存档，对结果进行分析。

思考题

1. EMSA实验的原理是什么？
2. 成功进行EMSA实验，需要优化哪些因素？

第十四章　酵母双杂合系统筛选相互作用的蛋白

酿酒酵母（*Saccharomyces cerevisiae*）的 GAL4 蛋白（881 个氨基酸，分子质量为 99000u）是半乳糖降解酶（半乳糖激酶，半乳糖转移酶，半乳糖异构酶）基因 *gal* 的转录激活因子。它由两个物理上可以分开、功能上独立的结构域组成，即 N 端 1 ~ 147 氨基酸的 DNA 结合结构域（DNA binding domain，BD）和 C 端 768 ~ 881 氨基酸的转录激活结构域（transcription activation domain，AD）。BD 可以和 *gal* 基因上游专一性的上游激活序列特异结合，通过 AD 激活下游 *gal* 基因的转录，单独的 BD 或 AD 都不能启动 *gal* 基因的转录。研究表明：不仅异源的 BD 与 AD 融合形成的融合蛋白可以起到转录激活的作用，而且由相互作用的蛋白通过非共价键将两个分离的结构域联系起来同样能启动下游基因的转录。酵母双杂合系统正是利用了 GAL4 的这一功能特点，通过检测下游报告基因是否转录表达来判断与 BD 和 AD 融合表达的两个蛋白间是否相互作用。基本步骤是将已知蛋白（X）基因与 BD 重组构建融合表达载体，以表达的融合蛋白 X - BD 为诱饵，同时构建与 AD 融合表达的 cDNA 文库，将已知融合表达载体与文库共转染酵母细胞，假如文库中的 Y 蛋白与 X 蛋白相互作用，就可以通过这种相互作用将 BD 与 AD 连接在一起，从而激活下游报告基因的转录和表达。这样通过检测报告基因的表达就可以从文库中筛选到与 X 蛋白相互作用的未知蛋白分子，见图 14 - 1。利用酵母双杂合系统不仅可以筛选与已知蛋白相互作用的未知蛋白，而且在信号传导、细胞凋亡、基因表达调控等方面酵母双杂合系统也发挥着重要作用。

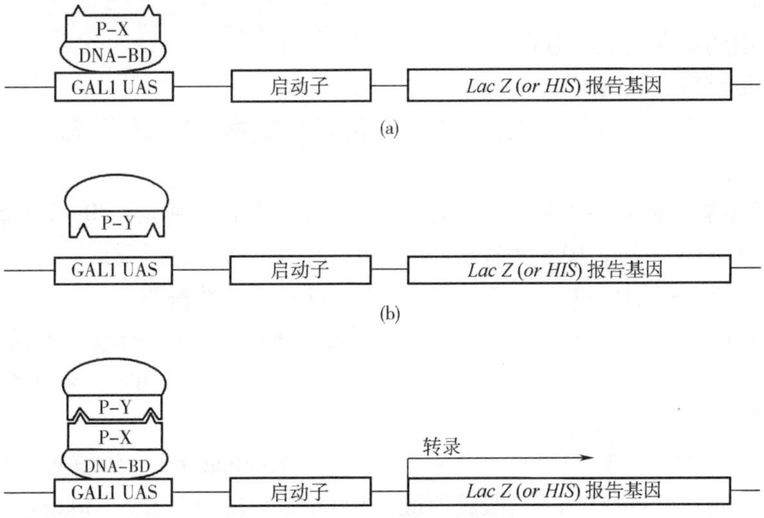

图 14 - 1　酵母双杂合系统原理示意图

（a）DNA - BD/P - X 融合蛋白可与 GAL1 UAS 特异结合，但是不能激活报告基因的转录

（b）AD/P - Y 融合蛋白不与 GAL1 UAS 特异结合，不能激活报告基因的转录

（c）通过 P - X 与 P - Y 的相互作用，使 DNA - BD 与 AD 连在一起，从而激活报告基因的转录

一、实验材料与方法

酵母双杂合系统已有多种体系，在此以 GAL4 体系为例，介绍该系统所需要的实验材料和实验方法。

(一) 酵母宿主菌株和酵母表达载体

1. 酵母宿主菌株

(1) Y187　报告宿主株，用于检测两已知蛋白间的相互作用。

(2) Y190　报告宿主株，用于筛选同靶蛋白相互作用的融合文库蛋白。

(3) CG－1945　报告宿主株，用于筛选同靶蛋白相互作用的融合文库蛋白。

2. 酵母表达载体

不同的双杂合系统有不同的酵母表达载体。在 GLA4 表达系统中，除用于构建诱饵融合蛋白及文库融合蛋白的载体 pAS2－1 和 pACT2 外，还包含有其他对照质粒载体（附图 2～附图 7）。

(1) pAS2－1　8.4kb，DNA－BD 载体，用于产生 GAL4 DNA/BD 和靶蛋白的融合蛋白。

(2) pACT2　8.1kb，AD 载体，用于产生 GAL4 AD 与一种已知蛋白的融合蛋白。

(3) pVA3－1　9.4kb，阳性对照质粒，编码 pAS2－1 中 DNA－BD/鼠 p53 杂合蛋白。

(4) pTD1－1　10.1kb，阳性对照质粒，编码 pACT2 中 AD/SV40 大 T 抗原杂合蛋白。

(5) pCL1　15.3kb，阳性对照质粒，编码并表达全长野生型 GAL4 蛋白。

(6) pLAM5′－1　9.1kb，假阳性检测质粒，编码 pAS2－1 中 DNA－BD/人核纤层蛋白 C 杂合蛋白。

3. 酵母菌的保存与表型鉴定

(1) 实验材料、试剂

①YPD 培养基　20g/L 蛋白胨，10g/L 酵母提取物，20g/L 葡萄糖，18g/L 琼脂（固体），pH 5.8。

②SD 培养基（极限培养基）　6.7g/L 无氨基酸的酵母氮源，20g/L 琼脂（仅铺板用），850mL H_2O，100mL 10×缺省培养液，调 pH 至 5.8，高压灭菌，待培养基冷却至 55℃以下时，加 3－氨基－1，2，4－三唑（3－AT）或放线菌酮。

③10×缺省培养液　10×缺省培养液包括除一种或多种下列成分的所有成分。例如，在准备 SD/－Trp/－Leu 培养基时，应使用缺乏 Trp 和 Leu 的 10×缺省培养液。培养液高温灭菌后，4℃可保存一年。

10×缺省培养液配方　300mg/L L－异亮氨酸，1500mg/L L－缬氨酸，200mg/L L－腺嘌呤亚硫酸盐，200mg/L L－盐酸精氨酸，1000mg/L L－亮氨酸，300mg/L L－盐酸赖氨酸，200mg/L L－甲硫氨酸，500mg/L L－苯丙氨酸，2000mg/L L－苏氨酸，200mg/L L－色氨酸，300mg/L L－酪氨酸，200mg/L L－尿嘧啶，200mg/L L－盐酸单羟组氨酸。

④其他贮存液

a. 1mol/L 3 – AT（3 – 氨基 – 1，2，4 – 三唑）　过滤除菌。

b. 1mg/mL Cyh^R（放线菌酮）　过滤除菌，4℃可保存 2 个月。

c. 40% 葡萄糖　高压灭菌或过滤除菌。

（2）酵母菌株的保存

①用灭菌的接种环从琼脂平板上挑取单菌落，将其置于 200 ~ 500μL YPD 液体培养基（或适宜的 SD 缺省培养基）中彻底悬浮，加 50% 灭菌甘油使终浓度达到 25%，于 –70℃储存。酵母株贮存在含 25% 甘油的 YPD 培养液中，–70℃可长期保存。

②酵母菌株的复苏　用接种环或消毒牙签从冷冻贮存液中蘸取少许酵母菌，划线于 YPD 或适宜的 SD 琼脂平板上（已转化的酵母菌株最好保存在适宜的 SD 缺省培养基上，使质粒保持选择压力）。若菌株在冷冻前已沉管底，则在冰上融化冷冻培养物并振荡后取少许划线。琼脂平板划线面朝下，30℃孵育平板，直至菌落直径达 2mm（约需 3 ~ 5 天）。若是转化株，在 SD 培养基上由于选择压力，生长较 YPD 缓慢，需 4 ~ 6d。用保鲜膜密封平板，4℃可保存 2 个月。

（3）酵母菌株的表型鉴定　开始转化前，应对酵母菌株的表型进行鉴定。

①制备相应的 SD 平板。

②用接种环或消毒牙签从冷冻贮存液中蘸取少许菌液，划线于适宜的 SD 琼脂平板上。

③30℃孵育平板，约需 4 ~ 6 天，使表型出现。

④将结果与表 14 – 1 对照，保存表型正常的酵母菌株以备后用。

表 14 – 1　　酵母宿主菌株在各种培养基上的生长

菌株	SD/ – Trp	SD/ – Leu	SD/ – His	SD/ – Ura	YPD + cyh	YPD
CG – 1945	–	–	–①	+	+③	+
Y197	–	–	–	+	–	+
Y190	–	–	–②	+	+④	+

①在 5mmol/L 3 – AT 存在时；②在 25mmol/L 3 – AT 存在时；③在 1. 0μg/mL 放线菌酮存在时；④在 10. 0μg/mL 放线菌酮存在时。

（二）诱饵 DNA – BD/P – X 表达载体的构建及鉴定

1. 表达载体的纯化

将已知蛋白 X 的编码基因，按 DNA – BD 的阅读框架重组到 pAS2 – 1 中，转化感受态大肠杆菌，从大肠杆菌中纯化 DNA – BD/P – X 表达载体。

2. 将纯化的 DNA – BD/P – X 表达载体转染酵母菌 Y190

（1）实验材料、试剂

①SD/ – Trp 培养基　用 Difco 琼脂制备。

②10 × TE 缓冲液　0. 1mol/L Tris – HCl，10mmol/L EDTA，pH 7. 5，无菌。

③10 × LiAc（乙酸锂）贮液　1mol/L 乙酸锂，pH 7. 5（用稀乙酸调 pH，过滤除菌）。

④1mol/L DTT（二硫苏糖醇）　过滤除菌，–20℃贮存。

⑤50%（质量体积分数）PEG4000 或 PEG3350　过滤除菌。

⑥PEG/LiAc（10mL）　8mL 50% PEG4000，1mL 10×TE，1mL 10×LiAc。

⑦其他：1mol/L 山梨醇，100% DMSO。

（2）仪器　恒温摇床，水浴锅，电穿孔仪等。

（3）操作方法

①电转化

a. 实验前两天，将用于转化的酵母株单菌落接种于 5mL YPD 培养基中，30℃过夜培养至饱和。

b. 实验前一天晚上，在装有 500mL YPD 培养基的 2L 无菌烧瓶中接种适量的过夜培养液，30℃剧烈摇动培养过夜，直至细胞密度达 1×10^8 细胞/mL（OD_{600} 为 1.3～1.5，依菌株不同而异）。

c. 4℃ 4000×g 离心收集细胞，用 80mL 无菌水重悬。

d. 加入 10mL 10×TE 缓冲液（pH 7.5）充分混匀，再加入 10mL 10×乙酸锂贮液，摇匀，于 30℃轻摇 45min。

e. 加入 2.5mL 1mol/L DTT 并同时旋转摇动，于 30℃轻摇 15min。

f. 将酵母悬液稀释在 500mL 水中，以 1500r/min 4℃离心，依次重悬细胞，所用溶液如下：第一次沉淀，250mL 冰冷的水；第二次沉淀，20～30mL 冰冷的 1mol/L 山梨醇；第三次沉淀，0.5mL 冰冷的 1mol/L 山梨醇。

每次重悬时充分吹打沉淀，使细胞完全散开，最后重悬细胞的体积在 1.0～1.5mL 之间，OD_{600} 约为 2.00。

g. 往一个无菌、冰冷的 1.5mL 微量离心管中加入 50μL 上述酵母细胞和不大于 100ng 的待转化 DNA（体积不大于 5μL），混匀。

h. 将酵母与 DNA 混合物移至预冷的 0.2cm 间隙的转化杯中。

i. 以 2.5kV 作脉冲转化。

j. 电转化杯中加入 350μL 1mol/L 山梨醇回收并吹打均匀。

k. 将酵母转化物涂于相应的 SD/－Try 培养板上，于 30℃培养 3～6 天，直到平板上出现菌落。

②小剂量氯化锂转化方法

a. 接种几个直径 2～3mm 新鲜克隆于 1mL YPD 培养基中。

b. 剧烈振荡分散团块。

c. 转入有 YPD 的锥形瓶中，30℃ 250r/min 振荡孵育 16～18h 至 $OD_{600}>1.5$。

d. 转移足量过夜培养物于 YPD 培养液中，使 $OD_{600}=0.2\sim0.3$。

e. 30℃ 230r/min 振荡孵育 3h，OD_{600} 至 0.4～0.6。

f. 室温（20～21℃）1500r/min 离心 5min。

g. 弃上清，加 25～50mL 无菌 TE 或水，混匀，悬浮细胞。

h. 室温 1500r/min 离心 5min，弃上清。

i. 重悬细胞于新鲜配制的灭菌 1×TE/LiAc 1.5mL 中，制备成感受态细胞。

j. 每管中加入 DNA－BD 载体表达质粒 0.1μg、AD 载体表达质粒 0.1μg、蛙精 DNA

0.1mg，每管中加入上述感受态细胞100μL，并充分混匀。

k. 加入0.6mL PEG/LiAc 涡悬10s充分混匀细胞。

l. 30℃ 200r/min 振荡孵育30min。

m. 加入约70 μL DMSO至10%终浓度，轻轻倒转混匀。

n. 42℃水浴热休克15min，在冰上冰冷细胞1~2min。

o. 离心沉淀细胞，14000r/min离心5s，弃上清。

p. 0.5mL 1×TE缓冲液重悬细胞。

q. 取100μL细胞悬液，涂于相应SD培养板上，30℃培养直至克隆长出（一般2~4天）。

3. 对转染了DNA-BD/P-X载体的Y190进行鉴定

在双杂合实验前，需对转染了DNA-BD/P-X载体的Y190进行鉴定。首先，应确定在Y190中DNA-BD/P-X载体确实能表达该融合蛋白；其次，要检测表达的DNA-BD/P-X自身是否有转录激活活性；最后，还要观察表达的DNA-BD/P-X对酵母宿主菌本身是否有毒害作用及程度。

（1）实验材料与试剂

①Z缓冲液

$Na_2HPO_4 \cdot 7H_2O$	1.50g/L
$Na_2HPO_4 \cdot 7H_2O$	5.50g/L
KCl	0.75g/L
$MgSO_4 \cdot 7H_2O$	0.246g/L

调pH至7.4，高压灭菌，室温可保存1年。

②X-gal贮存液　20mg/mL X-gal，用二甲基甲酰胺溶解，-20℃避光保存。

③Z缓冲液/X-gal液　100mL Z缓冲液，0.27mL β-ME（β-巯基乙醇），1.67mL X-gal贮存液，ONPG（邻硝基酚-β半乳糖苷）4mg/mL，用Z缓冲液配制，pH 7.0。

④1mol/L Na_2CO_3。

⑤Whatman #5或VWR级410滤纸（灭菌）　75mm滤纸（如VWR#28321-055）用于100mm平板；125mm滤纸（如VWR#28321-113）用于150mm平板。

⑥液氮。

（2）操作方法

①Western杂交检测DNA-BD/P-X在Y190中的表达　选取在选择培养基上生长的酵母克隆进行扩大培养，然后提取酵母蛋白或利用酵母菌体总蛋白，进行SDS-PAGE电泳，而后转膜，利用抗DNA-BD抗体或抗P-X抗体作一抗，确定DNA-BD/P-X在Y190中有特异表达。

②检测表达的DNA-BD/P-X是否有转录激活活性　在筛库前要排除DNA-BD/P-X自身具有转录激活活性，假如有，需要对P-X编码基因进行改造，使其转录激活活性失活，否则无法进行酵母双杂合筛选。通常用以下两种方法进行检测。

a. β-半乳糖苷酶活性滤膜分析

（a）为得到更好的实验效果，酵母最好是在孵箱中生长2~4d，直径在1~3mm。

（b）配制 Z - 缓冲液/X - gal 液，在每一个 100mm 或 150mm 平板内用 Whatman#5 或 VWR 级 410 滤纸，所需配制液 2. 5 ~ 3mL。

（c）将一张干净、消毒滤纸放在生长有菌落的琼脂平板表面，轻轻按压滤纸，使菌落部分粘附在滤纸上，手法要轻，勿使整个菌落完全粘于滤纸上，以免影响以后挑选克隆菌株。

（d）在平板和滤纸上，穿 3 个不对称的小孔，以示方位标记。

（e）小心用镊子取出滤纸，接触菌落面朝上，放入液氮中完全浸泡 10s。

（f）接触菌落面朝上，小心将滤膜放在上述经 Z 缓冲液/X - gal 浸泡的滤膜上，注意不要在滤膜之间或下面留有气泡。30℃（室温）放置，记录菌落显蓝色的时间。

注：产生 β - 半乳糖苷酶的菌落变蓝的时间长短不一，显色时间在 30min 至 8h，超过 8h，可能为假阳性。

（g）将滤膜（纸）按预先做的定位标记完全重叠，从而鉴定平板上产生 β - 半乳糖苷酶的阳性克隆。从平板上挑选阳性克隆至适宜新鲜液体的 SD 培养基（如 Y190 在 SD/ - Trp）中。将平板继续培养 1 ~ 2d 并保存。

b. 以 ONPG 为底物液体培养分析

用 ONPG 为底物通过液体培养，定量分析 β - 半乳糖苷酶活性的活性。

（a）前述转化菌长出后，取完整的（直径 1 ~ 3mm）酵母菌培养在 5mL 液体培养基中。

（b）30℃振荡培养（230 ~ 250r/min）过夜。

（c）取 ONPG 溶解在 Z 缓冲液（终浓度 4mg/mL）振荡 1 ~ 2h。

（d）取上述过夜培养菌液 2mL 转移至 8mL YPD 培养基中，30℃振荡培养（230 ~ 250r/min）3 ~ 5h，至 OD_{600} 在 0. 5 ~ 0. 8（对数生长期）。

（e）剧烈振荡菌液 0. 5 ~ 1min，分散菌块，精确记录 OD_{600} 值。

（f）分别取 1. 5mL 至 1. 5mL 离心管中，14000r/min 离心 30s。小心弃上清，用 1. 5mL Z 缓冲液沉淀。

（g）悬浮沉淀在 300μL Z 缓冲液中（浓缩 5 倍）。

（h）取 100μL 悬浮液至新的离心管中，并放入液氮中冻 0. 5 ~ 1. 0min，取出 37℃水浴融化 0. 5 ~ 1. 0min。

（i）以 100μL Z 缓冲液为空白管，分别加入 0. 7mL Z 缓冲液/β - 巯基乙醇至反应管和空白管中。

（j）记录时间，立即加 0. 16mL ONPG/ Z 缓冲液至反应管和空白管，30℃保温。

（k）出现黄色后，加 0. 4mL 1mol/L Na_2CO_3 至反应管和空白管，终止反应，记录反应时间。

（l）反应管 14000r/min 离心 10min，沉淀细胞碎片。

（m）小心转移上清至洁净样品池中，以空白管调零，测样品 OD_{420}。OD_{420} 值应该在 0. 02 ~ 1. 0 之间（此区间呈线性关系）。

（n）计算 β - 半乳糖苷酶活性单位　1 个 β - 半乳糖苷酶活性单位定义为每分钟分解 1μmoL ONPG 生成硝基苯酚的酶活力。计算公式如下：

$$\beta - 半乳糖苷酶活性单位 = 1000 \times OD_{420} / (T \times V \times OD_{600})$$

式中 T——反应时间，min

V——0.1mL×浓缩系数

OD_{600}——A600/mL 菌液

以 ONPG 为底物液体培养分析的结果差异很大，阳性对照在几分钟内即可变黄，而阴性对照在 24h 后仍不变色，所以在该实验中要及时观察颜色变化，尤其在开始的几个小时内，以免使颜色过深而影响实验结果。

③观察表达的 DNA - BD/P - X 对酵母宿主菌本身是否有毒害作用及程度　观察转染了 DNA - BD/P - X 表达载体的 Y190 的生长情况，若 DNA - BD/P - X 对 Y190 的生长无影响，则可考虑在后面筛库时采用分步转染法，以提高效率；若其对 Y190 的生长有影响，但影响较小，则可考虑在后面筛库时采用共转染法；若其对 Y190 的生长影响很大，甚至不能使其生长，后继工作也将无法进行。

（三）与 AD 融合表达的 cDNA 表达文库的构建

在 pACT2 中构建一个与 GAL4 AD 融合表达的 cDNA 表达文库，使其至少含有 10^6 种不同杂合蛋白，或根据需要购买不同种属和不同组织的 cDNA 文库。当得到一小部分 AD 表达文库后，根据其滴度，将其扩增，以便获得足够的质粒 DNA 用于酵母转化。

（四）与 P - X 互作蛋白的筛选

在确定 DNA - BD/P - X 在 Y190 中有特异表达，自身无转录激活活性，且对 Y190 的生长并无影响后，采用分步转化法进行文库筛选。

（1）以转染有 DNA - BD/P - X 表达载体的 Y190 作感受态。

（2）以电转化或氯化锂转染法（操作方法同前），将 GAL4 AD 融合表达的 cDNA 表达文库质粒转染感受态细胞，涂布于 SD/ - Try - Leu - His + 3AT 平板。于 30℃ 培养 4 ~ 6 天，直到平板上出现菌落。这时注意设立阴阳对照，以检测系统是否正常工作。转染文库质粒的量，由预实验的转染效率决定，总之要保证至少转进去一个以上的文库。

（3）4 ~ 6d 后，对平板上出现的菌落进行 β - 半乳糖苷酶活性分析（方法同前）。

（4）保存获得的阳性克隆。

（五）阳性质粒的分离

由于在阳性克隆中同时存在 DNA - BD/P - X 表达载体和与 P - X 相互作用的 AD/P - Y融合表达的表达载体，因此要通过放线菌酮去除克隆中的 DNA - BD/P - X 载体，以便获得能与 P - X 相互作用的 AD/P - Y 质粒。

1. 实验试剂、材料

（1）SD/ - Leu + Cyh^R培养基。

（2）β - 半乳糖苷酶活性滤膜分析所用试剂（同前）。

2. 操作方法

①从每个重划线培养的平板上，且经酶活性滤膜分析鉴定的 Lac Z^+、His^+ 阳性克隆中，选一个直径为 1 ~ 3mm 的克隆，重悬于 200μL 无菌水中，于涡悬振荡器上彻底分散细胞。

②100μL 细胞悬液铺在 SD/ - Leu + Cyh^R 培养板上，30℃孵育，直至出现独立的 Cyh^{R}克隆，历时 3 ~ 5d。

③通过将 Cyh^{R}克隆转移至 SD/ - Trp/ - Leu 培养板上，进一步确认 pAS2 - 1 或其衍生物的丢失，丢失了这种质粒的克隆因色氨酸缺陷不能再生长。

④同时再用 β - 半乳糖苷酶活性滤膜分析，进一步确认 SD/ - Trp/ - Leu 培养板上的 Cyh^{R}克隆是否还有 LacZ$^+$报告基因的表达。若有则为假阳性结果，无转录活性的才为阳性克隆。

（六）酵母交配对筛得的阳性克隆进一步验证

酵母交配是一种较容易地将两种不同质粒导入同一个宿主细胞的方法。该方法可用于验证通过双杂合文库筛选所获的候选 AD/文库，后者仅在出现 DNA - BD/靶蛋白时激活报告基因。在交配实验中，可用 Y190 或 CG - 1945 作为候选 AD/文库质粒的宿主菌。

1. 准备工作

（1）分别用下列 5 种质粒转化 Y187 酵母细胞，并在 SD/ - Trp 平板上筛选 Trp$^+$转化株：PAS2 - 1（DNA - BD 载体）质粒，PAS2 - 1/靶质粒，DNA - BD/对照质粒（该杂合质粒能融合表达 DNA - BD 及任何无关或突变蛋白）。

（2）单独用 AD 载体转化 CG - 1945 或 Y190 酵母细胞，在 SD/ - Leu 平板上筛选 Leu$^+$转化株。

（3）对每一种 AD/文库候选质粒，应该用步骤（1）、（2）中筛选获得的 Trp$^+$和 Leu$^+$转化株按表 14 - 2 进行酵母交配分析。

表 14 - 2　酵母交配表型分析

质粒 1（Y187）	质粒 2（Y190）	阳性 Lac Z 表型	阳性 His 表型
pAS2 - 1	pACT2	白色	不生长
pAS2 - 1/靶	pACT2	白色	不生长
pAS2 - 1	pACT2/文库	白色	不生长
pAS2 - 1/靶	pACT2/文库	蓝色	生长
pLAM5	pACT2/文库	白色	不生长

2. 酵母交配

（1）挑取各类单克隆（2 ~ 3mm 直径）进行交配。

（2）将两个克隆放在含 0.5mL YPD 的 1.5mL EP 管中剧烈振荡，30℃振荡培养（250r/min）6 ~ 18h。

（3）涂布上述交配培养液在 100mm SD/ - Leu/ - Trp9（CG - 1945 菌株）及 SD/ - Leu/ - Trp/ - His + 3 - AT（Y190 菌株）平板上。若交配株培养小于 8h，则涂布 100μL 菌液；若大于 8h，则涂布 10μL 菌液。

（4）将平板置 30℃培养 3 ~ 5 天，直至生长出二倍体细胞。计算生长在 SD/ - Leu/ - Trp/ - His + 3 - AT 上的菌落。

3. 确认二倍体细胞的 Lac Z 和 His 表型

为了重新证实蛋白－蛋白之间的相互作用，利用菌落影印滤膜分析方法检测上述新鲜 His^+ 菌落的 β－半乳糖苷酶活性，弃除 β－半乳糖苷酶活性呈阳性的克隆而只含 AD/文库质粒的菌株。

（七）酵母质粒的提取、分类及测序

在获得只含有 AD/P－Y 载体的阳性克隆后，就可以将其提取出来用于测序，从而知道是哪种分子与 P－X 相互作用。然而，从酵母中提取的质粒纯度较差，不能直接用于测序，还需将其转化到细菌中进行纯化后，再行测序。另外，从文库中筛得的阳性克隆很多，对每一个克隆进行纯化、测序，费时、费力，可通过 PCR 的方法对它们进行分类后，再行测序。

1. 酵母质粒的提取

（1）实验材料、试剂

①悬浮缓冲液　10mmol/L Tris－HCl（pH 8.0），1mmol/L EDTA，4.5U/μL 溶壁酶，过滤除菌，4℃贮存。

②酵母裂解液　2% Triton X－100，1% SDS，100mmol/L Tris（pH 8.0），1.0mmol/L EDTA。

③苯酚:氯仿:异戊醇（25:24:1）　用中性酚（pH 7.0）配制。

④酸洗玻璃珠　425～600μm。

⑤95%～100% 乙醇。

⑥10mol/L 乙酸胺。

⑦LB 培养基。

⑧LB 琼脂＋Amp^+平板。

⑨SD/－Leu＋Cyh^R培养基。

（2）操作方法

①将已分离好的独立 Cyh^R克隆菌落接种入 3mL SD/－Leu＋Cyh^R培养基中。

②于 30℃ 250r/min 振荡至少 20h，直至培养物饱和。

③1.5mL 培养物至离心管中，14000r/min 室温离心 1min，去上清。

④加入 30μL 悬浮缓冲液，并吹打充分混匀，37℃孵育 30min。

⑤加入 170μL 裂解缓冲液至离心管中，并加入 200μL 玻璃珠。

⑥每管再加入 200μL 酚:氯仿:异戊醇（25:24:1）。

⑦充分涡旋振荡 5min，14000r/min 离心 10min。

⑧转移上清至新的离心管中，加入 8μL 10mol/L 乙酸铵。

⑨加入 500μL 95%～100% 乙醇，－70℃放置 1h。

⑩14000r/min 离心 10min，去上清，真空干燥。

⑪沉淀重悬于 2μL H_2O 中。

2. 通过 PCR 分析阳性克隆

（1）实验试剂、材料

①PCR 反应混合物　5′和 3′PCR 反应引物，Taq DNA 聚合酶，10×反应缓冲液，

dNTP 混合物，PCR 级去离子 H_2O，酵母质粒 DNA。

②DNA 分子量标准。

③6×上样缓冲液　4℃保存。

④1×TBE 缓冲液　89mmol/L Tris－硼酸，2mmol/L EDTA（pH 8.0）。

⑤琼脂糖。

⑥溴化乙锭（EB）　10mg/mL，避光保存，4℃。

（2）操作步骤

①配制每一个克隆 PCR 反应混合物。

②将各个反应物放入 PCR 仪样品池中，进行 PCR 扩增。

③回收 PCR 产物，用识别 4 个碱基的内切酶对其进行酶切。

④配制适宜浓度的琼脂糖凝胶（用 1×TBE 缓冲液配制）。用微波炉加热，使琼脂糖熔解，温度降至 60℃时加入 EB（终浓度达 0.5μg/mL）混匀，灌制胶块。

⑤取酶切产物，加入上样缓冲液混匀。

⑥上样并进行电泳，电压选择为 1～5V/cm。

⑦电泳后，在紫外线仪或凝胶成像仪下根据 DNA 分子量标准确定各个 AD 克隆插入片段酶切后的带形。以此进行归类，每一类选一个克隆准备转化细菌。

3. 取酵母质粒转化细菌即可测序

二、阳性克隆的进一步证实

尽管酵母双杂合体系的实验设计很严谨，在筛选前，不仅排除了作为诱饵的蛋白本身含有的转录激活结构域或类似结构，在获得阳性克隆后，又通过酵母交配排除了筛出的不参与转录的蛋白本身，但是，从文库中筛得的蛋白，是否与目的蛋白在体内真正相互作用还需要进一步实验加以证实。例如，通过测序发现，两种蛋白根本不在同一器官、组织或细胞内表达，或者不在同一发育阶段表达等，这些肯定是假阳性结果。造成这一结果的原因有可能是，一些蛋白翻译后需要修饰（磷酸化或糖基化等），这部分工作在酵母体内无法进行，而造成一些非特异的结合；也有可能是构建的表达文库中，存在着同一蛋白的不同长度编码片段，这样文库表达出来的蛋白，就有可能存在由于整个蛋白中并不暴露的区域被暴露在外，而增加的假阳性。总之，从文库中获得的阳性克隆还要通过一些体内或体外的实验进行验证。这些方法主要有：ELISA、免疫沉淀以及近年来发展的哺乳细胞内的双杂合体系等方法。

三、注 意 事 项

（1）根据自己的具体实验，选用相适宜的酵母菌株，明确其表型、报告基因及转化标志。

（2）在新鲜工作贮存平板上，酵母菌落呈轻微粉红或红色，且能长到直径 2mm。然而，由于自发突变消除了线粒体功能，约 1%～2% 的酵母株可形成白色菌落，接种培养物时应避免这些白色菌落。

（3）构建融合基因时，每个融合基因的方向和阅读框必须保持不变，以便融合基因的表达。融合基因转化后，要核实融合基因在酵母中的表达。

（4）进行酵母双杂合实验之前，须证实杂合结构不能自主活化报告基因，并检测DNA - BD/靶蛋白有无毒性作用。

（5）获得的阳性 AD/文库克隆在做进一步分析时，杂合混合物涂板培养 2 ~3 天后，虽然能观察到一些 His^+ 克隆出现在文库筛选平板（SD/ - Trp/ - Leu/ - His + 3AT）上，但应继续培养 5 ~10 天，以便观察到生长缓慢（双杂合呈弱阳性）的克隆，注意区别阳性克隆及假阳性克隆。阳性克隆饱满，直径大于 2mm，呈红棕色，而假阳性可能很早观察到，但直径不会超过 2mm，呈灰色，应弃去。

（6）产生 β - 半乳糖苷酶的菌落变蓝的时间长短不一，在筛库时，显色时间在 30min ~ 8h。超过 8h，可能为假阳性。

（7）在放线菌酮筛选无 DNA - BD/靶质粒克隆的实验时，勿将克隆中的细胞直接涂布或划线于含放线菌酮的培养基上，这种方法转移的细胞对放线菌酮筛选工作来说密度太高。

思考题

1. 酵母双杂合系统的原理是什么？
2. 酵母双杂合系统的应用有哪些？

附录一 质粒图谱

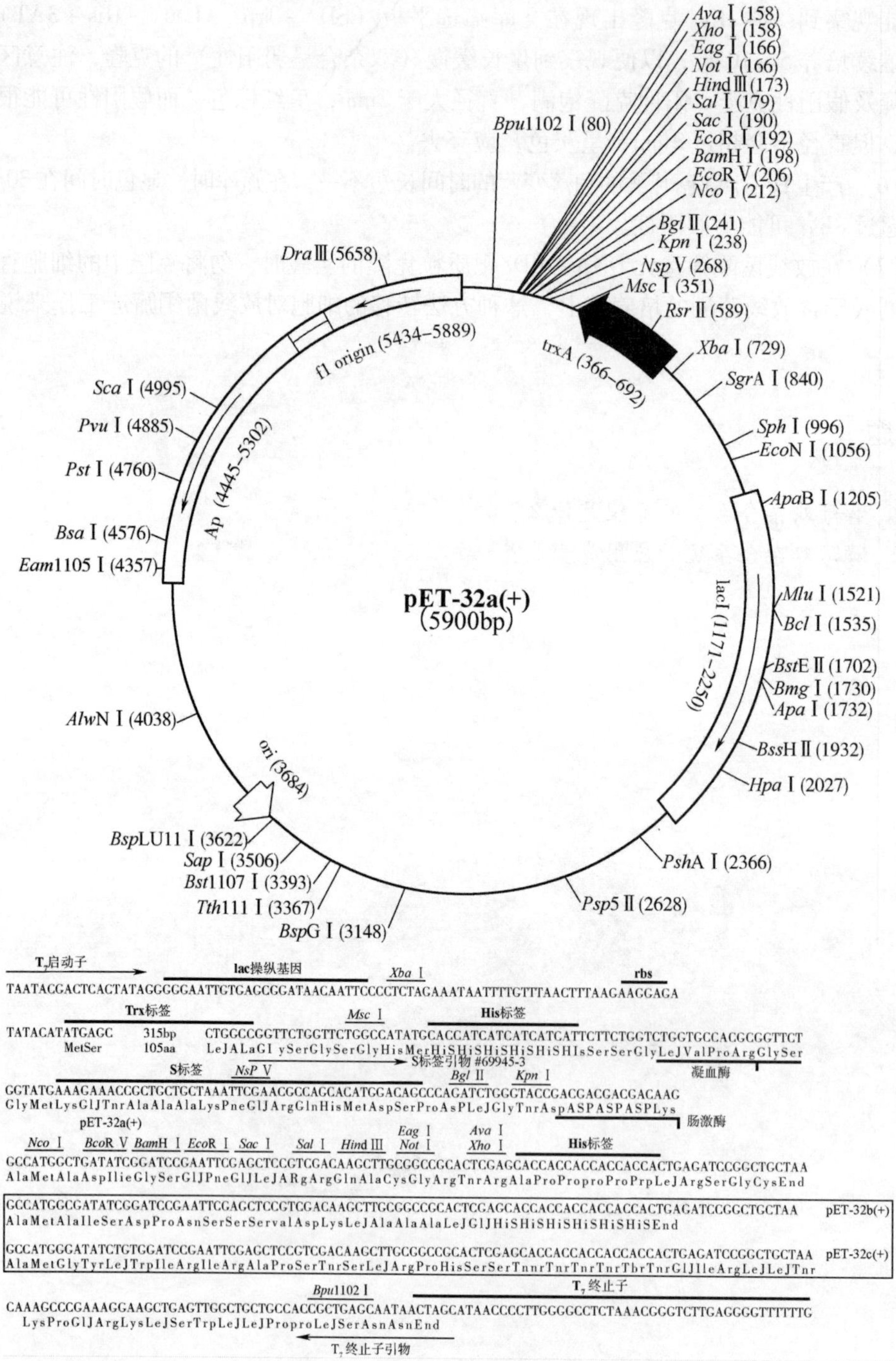

附图 1 pET－32a（＋）载体质粒图谱

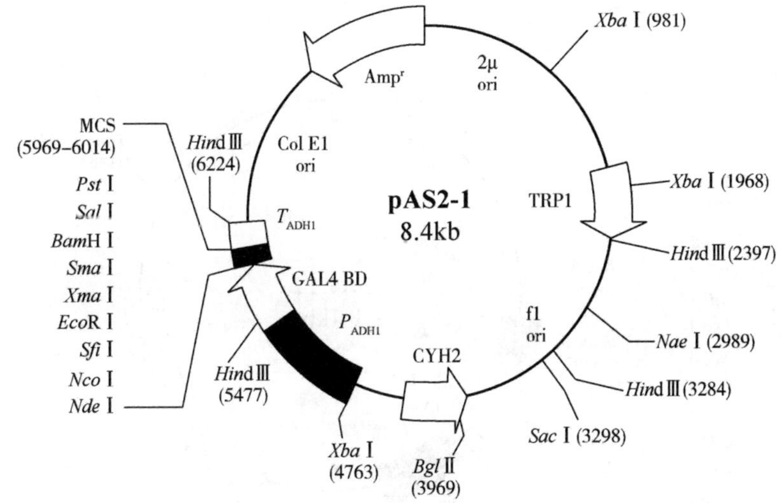

MARCHMAKE5′ BD
插入片段筛选引物& GAL4
5895 DN4-BD测序引物

GAL4 DNA-BD

TCA TCG GAA GAG AGT AGT AAC AAA GGT CAA AGA CAG TTG ACT GTA TCG CCG GTA TTG CAA TAC

a.a
147

5957

pAS2-1特异序列

CCA GCT TTG ACT CAT ATG GCC ATG GAG GCG GAA TTC CCG GGG ATC CGT CGA CCT GCA GCC AAG

Nde I　*Nco* I　*Sfi* I　*EcoR* I　*Sma* I / *Xma* I　*BamH* I　*Sal* I　*Pst* I

6020

CTA ATT CCG GGC GAA TTT CTT ATG ATT TAT GAT TTTT ATTAT TAA ATAAGTTATAAAAAAAATAAGTG

终止 (ORF2)　终止 (ORF3)　终止 (ORF1)

6088

TATACAAATTTTAAAGTGACTCTTAGGTTTTAAAACG

MATCHMAKER3′ BD
插入片段筛选引物

附图 2　pAS2 - 1 载体质粒图谱

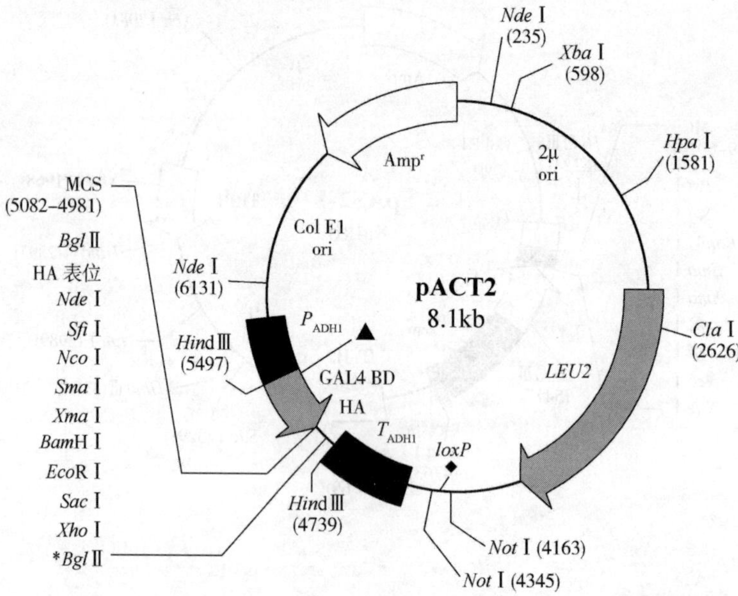

5155 GAL4 AD 测序引物 → GAL4 AD MATCHMAKER5′ AD–插入片段筛选引物

AAT ACC ACT ACA ATG GAT GAT GTA TAT AAC TAT CTA TTC GAT GAT GAA GAT ACC CCA CCA

5095 GAL4 AD → HA表位

Tyr Pro Tyr Asp Val Pro Asp Tyr Ala

AAC CCA AAA AAA GAG ATC TGT ATG GCT TAC CCA TAC GAT GTT CCA GAT TAC GCT AGC TTG

Bgl Ⅱ

5035 *Sfi* Ⅰ

GGT GGT CAT ATG GCC ATG GAG GCC CCG GGG ATC CGA ATT CGA GCT CGA GAG ATC TAT GA

Nde Ⅰ *Nco* Ⅰ *Sma* Ⅰ/ *Xma* Ⅰ *Bam*H Ⅰ *Eco*R Ⅰ *Sac* Ⅰ *Xho* Ⅰ *Bgl* Ⅱ* 终止 (ORF3)

4976

A TCG TAGATACTGAAAAACCCCGCAAGTTCACTTCAACTGTGCATCGTGCACCATCTC

← 终止 (ORF1) 终止 (ORF2) MATCHMAKER3′ ADLD–插入片段筛选引物

附图 3 pACT2 载体质粒图谱

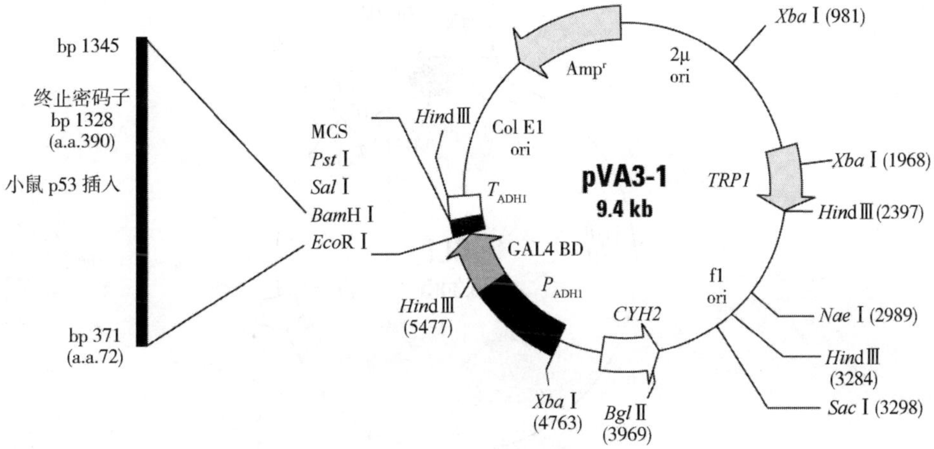

附图 4　pVA3－1 载体质粒图谱

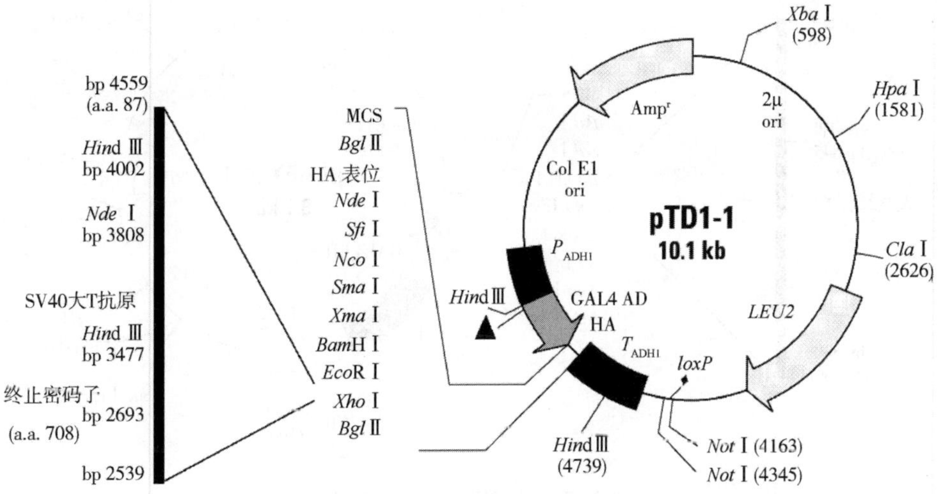

附图 5　pTD1－1 载体质粒图谱

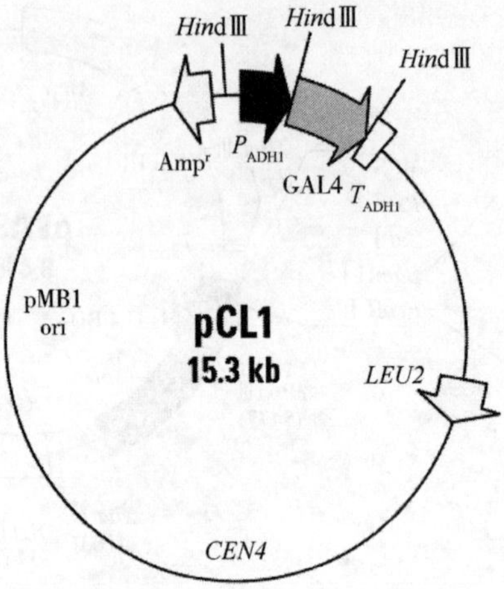

附图 6　pCL1 载体质粒图谱

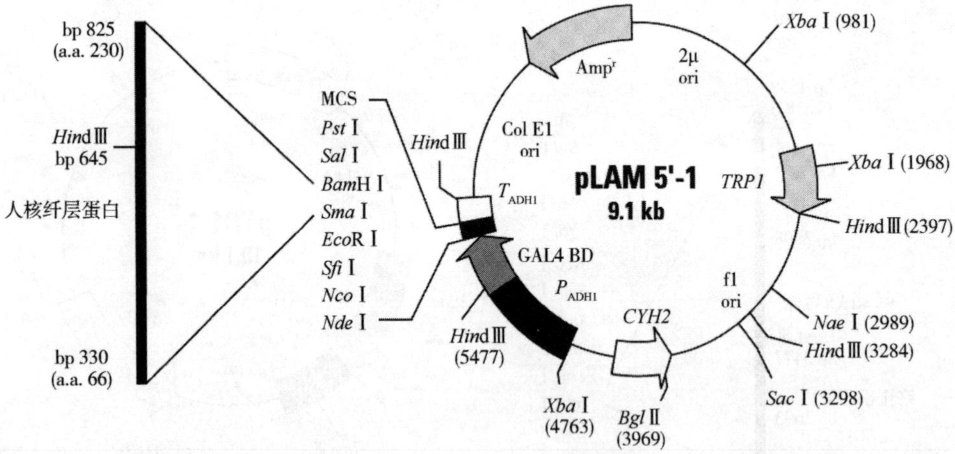

附图 7　pLAM5′－1 载体质粒图谱

附录二　常用微生物培养基配方

1. LB 培养基

胰蛋白胨 10g，酵母粉 5g，NaCl 10g，蒸馏水 1000mL，pH 7.2，121℃高压灭菌 20min。

2. SOC 培养基

2%胰蛋白胨，0.5% 酵母粉，0.05% NaCl，2.5mmol/L KCl，10mmol/L $MgCl_2$，20mmol/L 葡萄糖，115℃高压灭菌 30min。

3. 牛肉膏蛋白胨培养基

蛋白胨 10g，牛肉膏 3g，NaCl 5g，蒸馏水 1000mL，pH 7.4，121℃高压灭菌 20min。

4. 高氏一号培养基

可溶性淀粉 20g，KNO_3 1g，NaCl 0.5g，K_2HPO_4 0.5g，$MgSO_4 \cdot 7H_2O$ 0.5g，$FeSO_4 \cdot 7H_2O$ 0.01g，琼脂 20g，蒸馏水 1000mL，pH 7.2～7.4，121℃高压灭菌 20min。

5. YPD 培养基

蛋白胨 20g，酵母粉 10g，葡萄糖 20g，蒸馏水 1000mL，pH 自然，115℃高压灭菌 30min。

6. PDA 培养基

马铃薯（去皮）200g，葡萄糖（或蔗糖）20g，琼脂 20g，蒸馏水 1000mL，pH 自然。将马铃薯去皮、洗净、切成小块，称取 200g 加入 800mL 蒸馏水，煮沸 20min，用纱布过滤，滤液补足水至 1000mL，再加入糖和琼脂，溶化后分装，115℃高压灭菌 30min。

7. CM 培养基

蛋白胨 10g，酵母粉 5g，葡萄糖 20g，KNO_3 3g，KH_2PO_4 1g，$MgSO_4 \cdot 7H_2O$ 0.5g，蒸馏水 1000mL，pH 6.5～6.8，115℃高压灭菌 30min。

8. 查（察）氏培养基

$NaNO_3$ 2g，K_2HPO_4 1g，$MgSO_4 \cdot 7H_2O$ 0.5g，KCl 0.5g，$FeSO_4 \cdot 7H_2O$ 0.01g，蔗糖 30g，琼脂 15～20g，蒸馏水 1000mL，pH 自然，115℃高压灭菌 30min。

参考文献

［1］J. 萨姆布鲁克等著．分子克隆实验指南［M］．第3版．黄培堂等译．北京：科学出版社，2008.

［2］奥斯伯等主编．精编分子生物学实验指南［M］．第5版．金由辛等译．北京：科学出版社，2008.

［3］郜金荣．分子生物学实验指导［M］．北京：化学工业出版社，2015.

［4］卢圣栋．现代分子生物学实验技术［M］．北京：中国协和医科大学出版社，1999.

［5］王修海，单长民，杨康鹃，李莉．医学遗传学实验指导［M］．第4版．北京：科学出版社，2016.

［6］魏春红，门淑珍，李毅．现代分子生物学实验技术［M］．第2版．北京：高等教育出版社，2012.

［7］吴乃虎．基因工程原理［M］．第2版．北京：科学出版社，1998.

［8］叶棋浓．现代分子生物学技术及实验技巧［M］．北京：化学工业出版社，2015.